U0380509

“珍爱美丽家园”丛书编委会

丛书编委会主任 王 欢 洪 伟

丛书编委会成员 （按姓氏笔画排序）

丁雁玲 王 伟 刘英健 李 娟 宋浩志

张 怡 张均帅 张 毅 谷 莉 陈 纲

陈 燕 范汝梅 金少良 姜 婷 高 青

郭 鸿 崔 旸 韩巧玲 路虹剑

本书主编 王 红

编写成员（按姓氏笔画排序）

王 红 叶 楠 苏 芳 杨华蕊 张怡秋

郝 磊 高梦妮 郭志滨 路 莹

生存之本——粮

王　红　主编

人民出版社

前 言

粮食是一个国家生存和发展的基础，特别是对于中国这样一个拥有 13 亿多人口，正处于工业化、城镇化加速推进的国家而言，确保粮食安全不仅是实现国民经济又好又快发展的基本条件，而且是促进社会稳定和谐的重要保障，也是确保国家安全的战略基础。2016 年 8 月，习近平总书记在全国卫生与健康大会上发表的重要讲话中指出："没有全民健康，就没有全面小康"，并将"健康中国"首次上升为中国优先发展的国策。2017 年 10 月 18 日，习近平总书记在十九大报告中再次强调，实施"健康中国战略"。

实施"健康中国战略"必须要"塑造自主自律的健康行为"。学生是未来中华民族伟大复兴的希望，社会主义事业的接班人。但是在当下，部分学生却存在着微量营养素缺乏，肉油等高热能食物摄入过多，粮谷类食物摄入不足，营养不足与过剩并存的问题，甚至存在超重、肥胖学生比例持续增长的不健康现象。因此，加强粮油知识教育，树立科学饮食习惯，支持"健康中国战略"已经成为小学科学教育的重要方面。

史家小学的同学们积极地参与"健康中国战略"的普及和宣传工作，开展了"零米粒"行动等一系列粮油知识主题活动。在活动中，同学们践行光盘行动，不浪费一粒米饭，深入开展各种粮油科学实验活动，自主设计策划了很多相关的研究，例如，“食物水足迹计算器的研究”、“对新大米特征的鉴别及对市场中散装大米新陈的调查研究”等。通过这些实践活动，同学们学会了科学研究的方法，了解了节约粮食的知识，懂得了农业劳作的艰辛，培养了崇俭节约的精神。同学们学习知识的同时，也收获了能力和荣誉。其中，我校学生的金点子“为买到新大米支招”荣获了2014年北京市调查体验活动优秀学生作品一等奖。

在总结这些教学成果的基础上，编写而成的《生存之本——粮》一书，是践行“健康中国战略”，普及粮油营养健康知识的具体举措。本书以引导中小学生“塑造自主自律的健康行为”、“引导合理膳食”为目标。通过粮油营养科普教育，不仅可以培养学生“节粮爱粮”的意识，也希望他们能成为小小“营养师”，带动全社会“合理营养、健康饮食”观念的养成，成为“健康中国战略”的实践者。

希望《生存之本——粮》成为学生必读的健康生活课外书，成为学校营养科普的教科书。通过阅读学习本书，使学生增长粮油营养知识，帮助学生提高自身的营养健康、科学素质和爱国主义精神，践行“健康中国2030”，做好中华民族伟大复兴事业的接班人。

目 录

认识粮食

常见的粮食

“春种一粒粟，秋收万颗子。”这句古诗生动地描写了我们每天都要食用的粮食的来历，春天只要播下一粒种子，秋天就可收获很多的粮食。联合国粮食及农业组织对于粮食的概念就是指谷物，包括麦类、豆类、粗粮类和稻谷类等。我们每天所食的三餐都离不开粮食，今天我们就来了解一下日常生活中不可缺少的粮食。

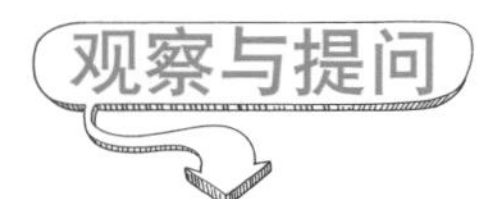

下面图中是一些我们常见的食物，请你找出哪些是粮食？

小　豆

绿　豆

大　豆

松　子

核　桃

大　米

燕　麦

小　麦

荞　麦

南　瓜

高　粱

杏　仁

粮　食	非粮食

常见的粮食作物包括小麦、水稻、玉米、燕麦、黑麦、大麦、谷子、高粱和青稞等。

学习与体验

我们现在已经知道，粮食作物包括小麦、水稻、玉米、燕麦、黑麦、大麦、谷子、高粱和青稞等。这其中，小麦、水稻和玉米是三种最常见的粮食作物，这三种粮食作物占世界上食物总产量的一半以上。下面让我们来深入了解认识它们吧！

大家好，我是小麦。我是一种在世界各地广泛种植的禾本科植物，世界粮食总产量排行第二呢！我的出生地是西亚黑海南岸地区。我的颖果是人类的主食之一，磨成面粉后可制作面包、馒头、饼干、蛋糕、面条、油条、烧饼、煎饼、水饺、包子、馄饨、方便面等食物。发酵后，我还可以制成酒精、啤酒或生质燃料。我种植在世界上许多国家，但产量主

要集中在中国、印度、美国、俄罗斯、加拿大、澳大利亚、巴基斯坦、乌克兰、哈萨克斯坦、阿根廷等。

大家好，我是水稻，是一年生的禾本科植物。我出生于中国，是世界主要粮食作物之一。我作为重要粮食作物，可制成米饭、米粉、锅巴、汤圆、淀粉，还可以酿酒、制醋，我的外壳米糠可制糖、榨油、提取糠醛，供工业及医药用；我的稻秆为良好的饲料、造纸原料和编织材料，谷芽和稻根可供药用。在世界上，我主要种植在东亚、东南亚和南亚的热带雨林和季风气候区。

同学们好，你一定认识我吧？我是玉米，是一年生的禾本科草本植物，也是全世界总产量最高的粮食作物。我出生于美洲地区。我可以用作饲料、食物和工业原料，在许多地区我作为主要食物。在拉丁美洲，我通常被制成不发酵的玉米饼；美洲各地以我为主食，做成煮（或烤）玉米棒子、奶油玉米片、玉米糁（在南方制成玉米粗粉）、玉米布丁、玉米

糊、玉米粥、玉米烤饼、玉米肉饼、爆玉米花、玉米糕饼等各式食品。在美国，我是最重要的粮食作物，年产量约占世界总产量的一半。其次是中国，年产量居世界第二位，然后是巴西、墨西哥、阿根廷。不过我的营养价值却低于其他谷物，蛋白质含量也低，若长时期以我为主要食物则易患糙皮病呢。

认识了这三种最常见的粮食作物，我们来帮它们找找家吧！下图为一张空白的世界地图，请同学们试着把它们的祖籍标记在地图上吧。

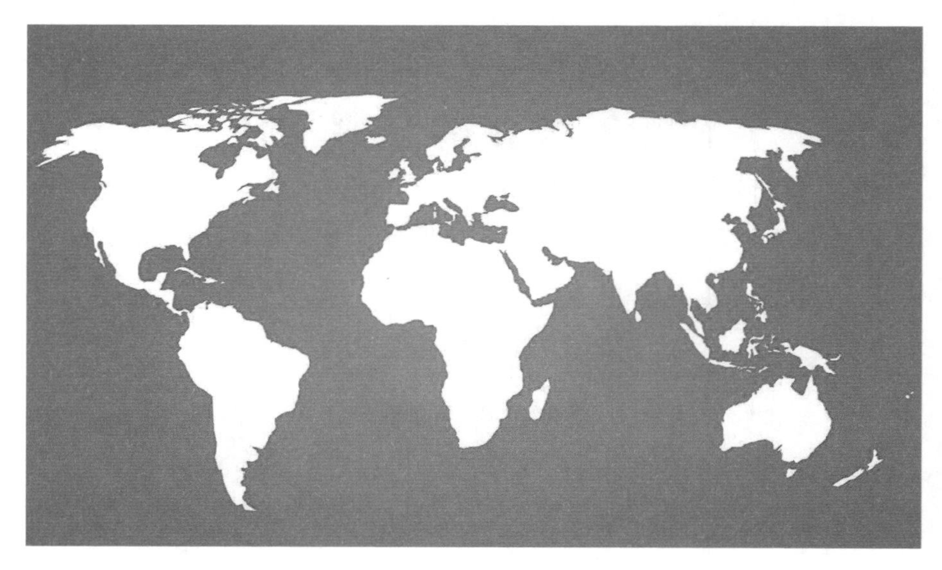

小麦　水稻　玉米

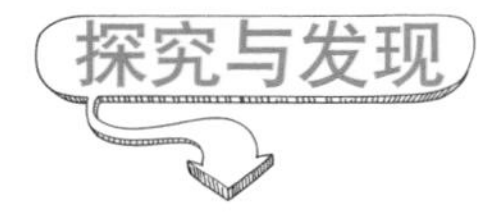

虽然小麦、水稻、玉米都起源于不同地区，但都是今天常见的、广泛种植的粮食作物。请同学们仔细观察下面的图片，想一想，小麦、水稻主要集中种植分布在中国的哪个区域？

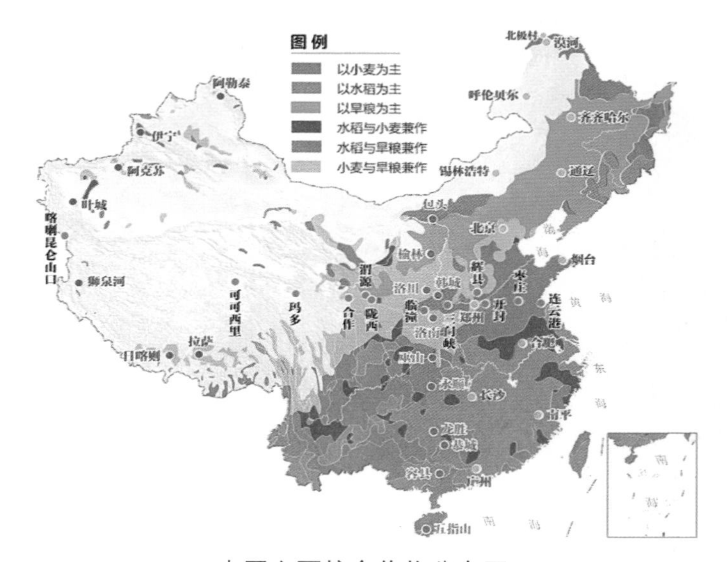

中国主要粮食作物分布图

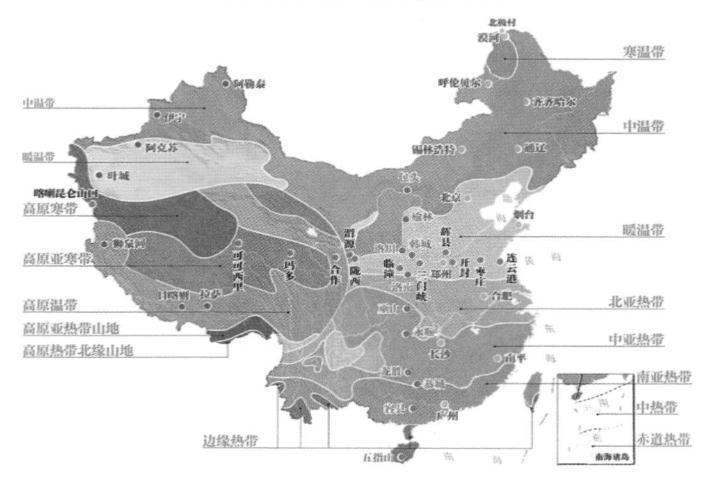

中国气候带分布图

小麦主要分布在中国的 ____________，水稻主要分布在中国的 ____________。

请同学们结合两种作物的生长特点和中国气候特点，对比以下因素，想一想为什么它们会有这样的种植分布？

	北　方	南　方
气　候		
水分条件		
光照条件		
日照时间长短		
温　度		
湿　度		
土　壤		
总　结		

中国土地幅员辽阔，粮食作物种类众多，除了我们今天认识的这几种，还有许多其他的粮食作物，希望同学们回家也可以找一找你身边的粮食，并且认识一下它们喔！

家中用粮小调查

俗语说：“家无三年之积难成其家。”的确，粮食是我们生存的根本，是家家户户都有的常备物，是每日盘中餐里最重要的角色。那么，我们家里有哪些常备的粮食呢？你对这些粮食都有哪些了解呢？同学们可以开展一次关于家庭用粮情况的调查。

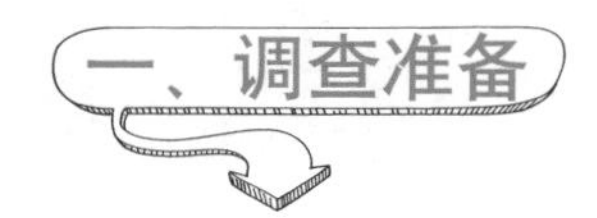

（一）调查背景

粮食的分类：粮食又称为“谷物”，含有丰富的营养物质，种类主要包括五大类。请同学们根据下表中的图片，查阅资料认识这些常见粮食作物的名称，并填写在横线上。

续 表

豆　类：	____________、____________
稻　类：	____________、____________
粗粮类：	____________、____________
其　他：	____________、____________

（二）调查目的

通过对家庭用粮情况调查，根据实际调查情况，分析家庭中粮食的种类、使用量和储存数量，调查人们是否有主动节约粮食的行为和习惯。如果发现有浪费现象，提出相关实质性的节粮建议，促使人们做出正确的措施来节约用粮。

（三）调查方法

我选择 ______________________________ 调查方法。

（四）制订计划

请同学们确定活动的主题，制订计划，做好调查准备。

家庭用粮调查活动准备记录表		
1	小组成员	
2	人员分工	
3	活动时间	
4	困　　难	
5	解决办法	

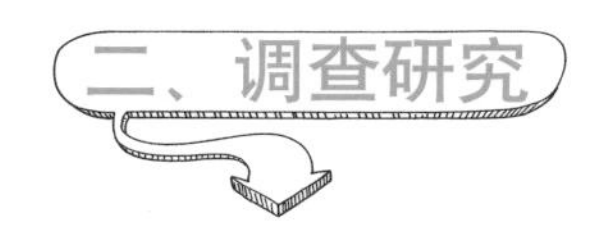

选择适合的调查研究方法，并设计调查方案，与小组成员一起开展调查活动。

同学们可以借鉴下面的问卷设计进行调查，根据实际情况自行增减，更换调查项目，或者独立设计新的调查表展开活动。

也可以选择其他调查研究方法进行调查，并将调查设计方案写出来。

家庭用粮小调查

调查人员：________________ 调查时间：____________________

序号	调查问题
1	您的家庭成员有多少人？ A. 2—3 人　B. 4—5 人　C. 6—9 人　D. 10 人以上
2	在家做饭用餐的频次是多少？ A. 一日三餐都做　B. 只有晚餐做　C. 很少在家吃饭　D. 周末在家做
3	您家最常备的粮食是什么？ A. 大米　B. 面粉　C. 小米　D. 白薯　E. 土豆　F. 玉米面
4	大米或面粉一般买什么规格的？ A. 1 公斤　B. 2.5 公斤　C. 5 公斤　D. 10 公斤以上
5	您家购买大米或面粉的频次是多久一次？ A. 每周一次　B. 每月一次　C. 两个月一次　D. 一个季度一次　E. 其他
6	您家在什么地方购买粮食？ A. 超市　B. 粮店　C. 网上　D. 其他 ____________
7	您家将粮食储存在什么地方？ A. 橱柜中　B. 冰箱里　C. 阳台或室外　D. 其他 ____________
8	您家每次做饭粮食是否有剩余？ A. 几乎没有剩　B. 剩一点　C. 剩三分之一　D. 剩一半以上
9	您家是否有分餐习惯？ A. 没有　B. 有　C. 不知道分餐制　D. 一部分人实行分餐
10	您或者家人是否具有节约粮食的意识？并有节约用粮的习惯？ A. 几乎没有　B. 有但仍有浪费　C. 有聚会时会浪费　D. 没有浪费情况

综合上述调查，我发现：________________________________

____

____

____

____

____

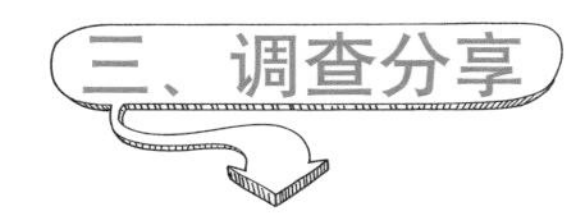

通过调查家庭用粮情况，你了解到哪些？你对此有什么看法？对于节约用粮你有了哪些新的认识？我们能为节粮做些什么？请你汇总调查信息和结果，并与老师、同学们一起交流分享。

2010 年 1 月，国务院办公厅发布了《关于进一步加强节约粮食反对浪费工作的通知》。全国各地响应国家号召，充分认识节约粮食、反对浪费工作的重要意义，并开展实施“光盘行动”等节粮措施，全社会大力倡导绿色生活、反对铺张浪费。

实验小达人：学做粮食标本

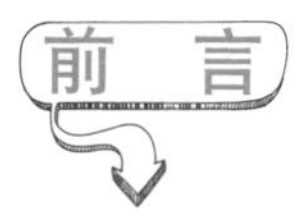

前　言

粮食的种类非常繁杂，我们身边常见的粮食就有很多，在研究粮食种类的时候，往往需要制作粮食标本以便更好地区分。那粮食标本如何制作呢？我们一起来做一做。

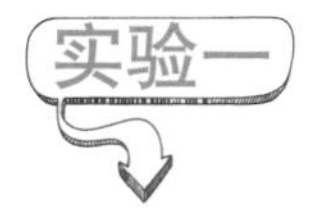

实验一

实验材料

准备制作标本的材料。

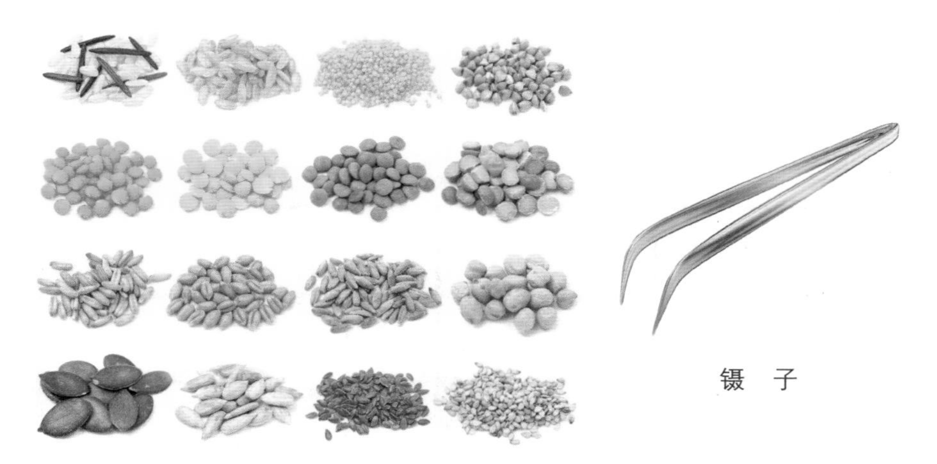

粮　食

镊　子

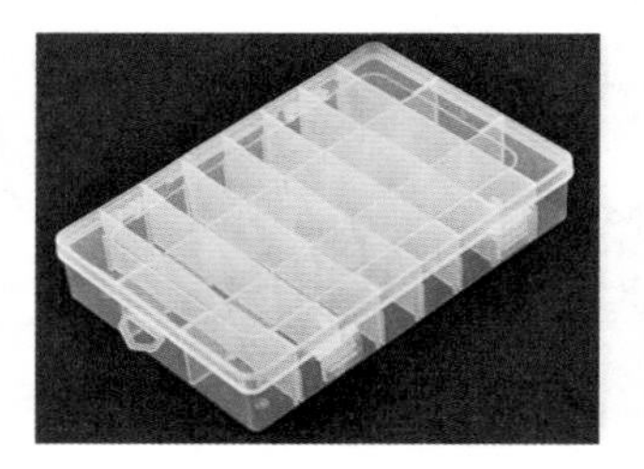

标本盒

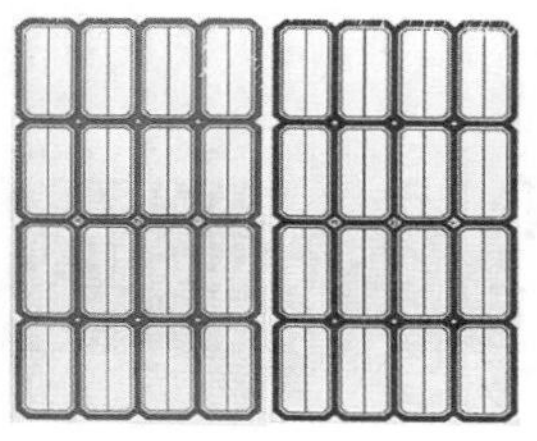

标　签

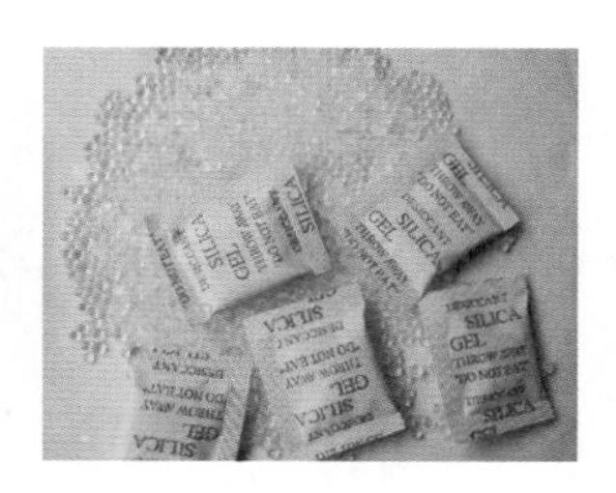

干燥剂

实验方案

第一，选取外表无伤痕，颗粒饱满的粮食，每种粮食选取5—10 粒。

第二，将粮食冲洗干净。

第三，粮食在阳光下晾干后，放入干燥剂存放 24 小时。

第四，把干燥完的粮食分好类别放入标本盒内（可根据自己的喜好选择放入顺序）。

第五，把标签贴在对应的粮食标本上。

第六，可以装饰自己的标本盒，制作具有个性的标本盒。

实验设计

大家可以设计一下，想一想有几种排序的方法？并写出为什么选择用这种方式来排序。

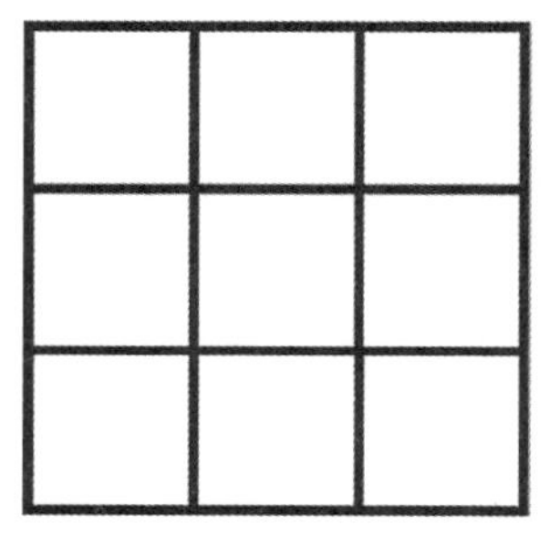

我根据 ________ 排序的

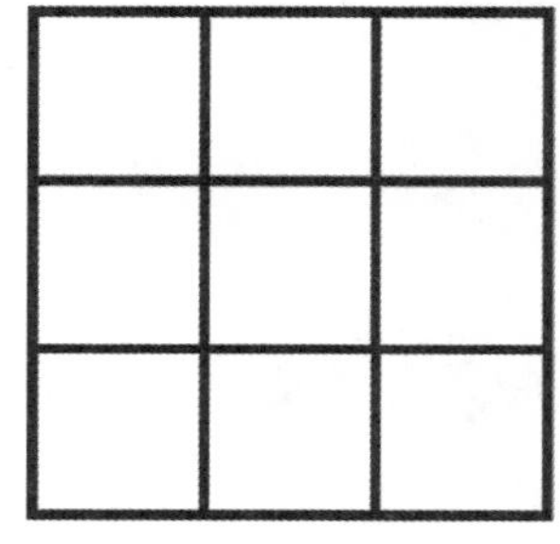

我根据 ________ 排序的

我根据 ________ 排序的

实验记录

在填写粮食标签的时候我们想一想应该填一些什么内容呢？并想一想如果要让标本保存的时间更长，在器皿的选择上我们应该注意哪些呢？

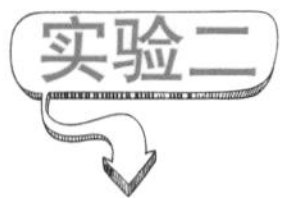

我们已经学会了制作粮食的标本，现在请大家想一想粮食除了可以给我们提供营养和能量以外，还可以做什么？我们可以发挥艺术灵感把粮食变成精美的图画，下面就一起来制作一幅五谷画吧。

实验设计

为了避免浪费粮食，同时让你的画更精美，在制作之前还需要我们来设计一下五谷画的图案。请在纸上设计出你要制作的图案，涂上颜色并标注上对应颜色的粮食。

实验材料

设计完五谷画图案后我们就可以开始制作了。

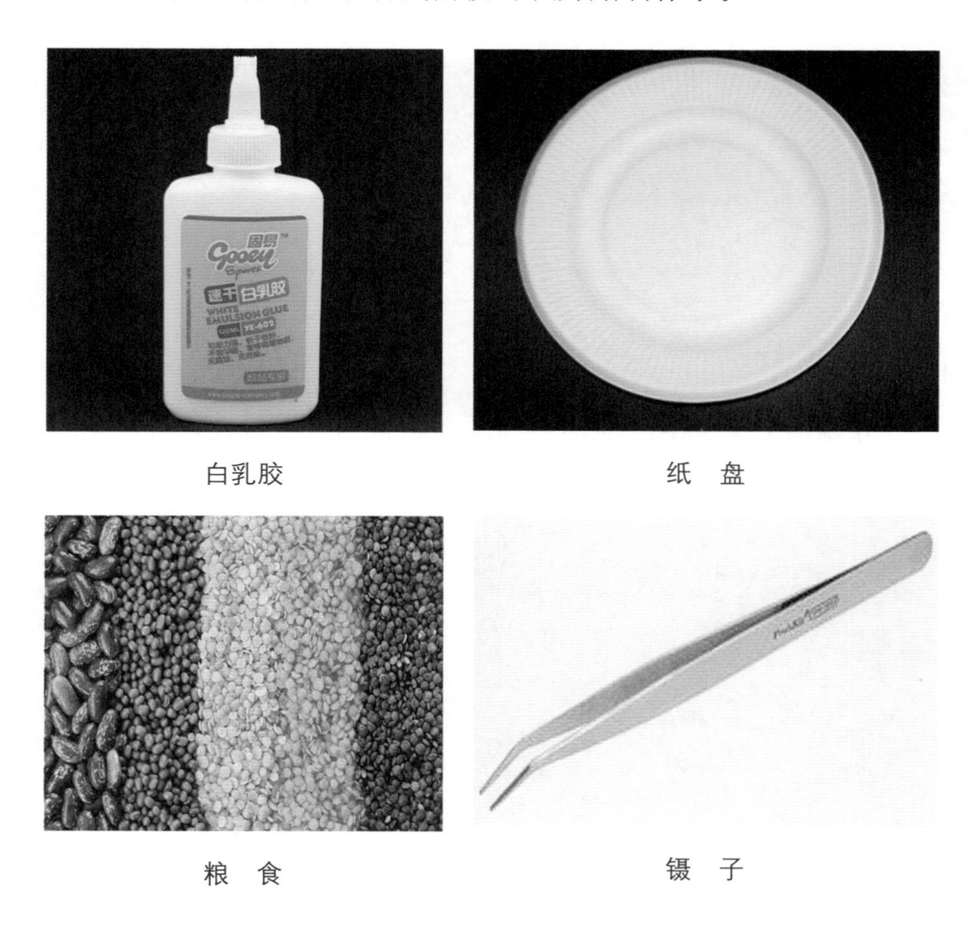

白乳胶　　纸　盘

粮　食　　镊　子

实验方案

首先选择尺寸合适的纸盘并且设计好图案，然后请你想一想还需要哪些步骤？

实验记录

在制作五谷画的时候你遇到什么困难了吗？并且想一想如何让你的五谷画保存时间更长呢？

我们常吃的粮食中主要有哪些颜色呢？不同颜色的谷物对

人体都有什么好处呢？其实粮食中的颜色主要包含黄、红、青、黑、白五种颜色。红色谷物即红小豆，红米、红枣等，能给人以醒目、兴奋的感觉；可以增强食欲并能刺激神经系统的兴奋性；还能作用于心神，有助于减轻疲劳。黄色谷物即玉米、大豆、小米等，主要作用于脾，能使人心情开朗，同时可以让人精神集中。绿色谷物即绿豆、毛豆、豇豆等，绿色食物可以帮助人体舒缓肝胆压力，调节肝胆功能，而且绿色食物中含有丰富的维生素、矿物质和膳食纤维，可以全面调理人体健康。白色谷物即大米、薏米、糯米等，白色食物具有润肺的功效，富含碳水化合物、蛋白质和维生素等营养成分，可为人体提供热能，维持生命和运动。黑色谷物即黑豆、黑芝麻、黑米等，大多具有补肾的功效。

博物学习营：认识常见的粮食

民以食为天，“食”指食物，吃的东西。这句谚语说明粮食对于一个人以至于一个国家都是至关重要的。中国是农业大国，千百年来，人们对农业有着特殊的感情。在全国农业展览馆中有很多粮食作物的标本，让我们一起来认识一下吧！

从全国农业展览馆中找到这几种粮食标本，把名称记录下来。

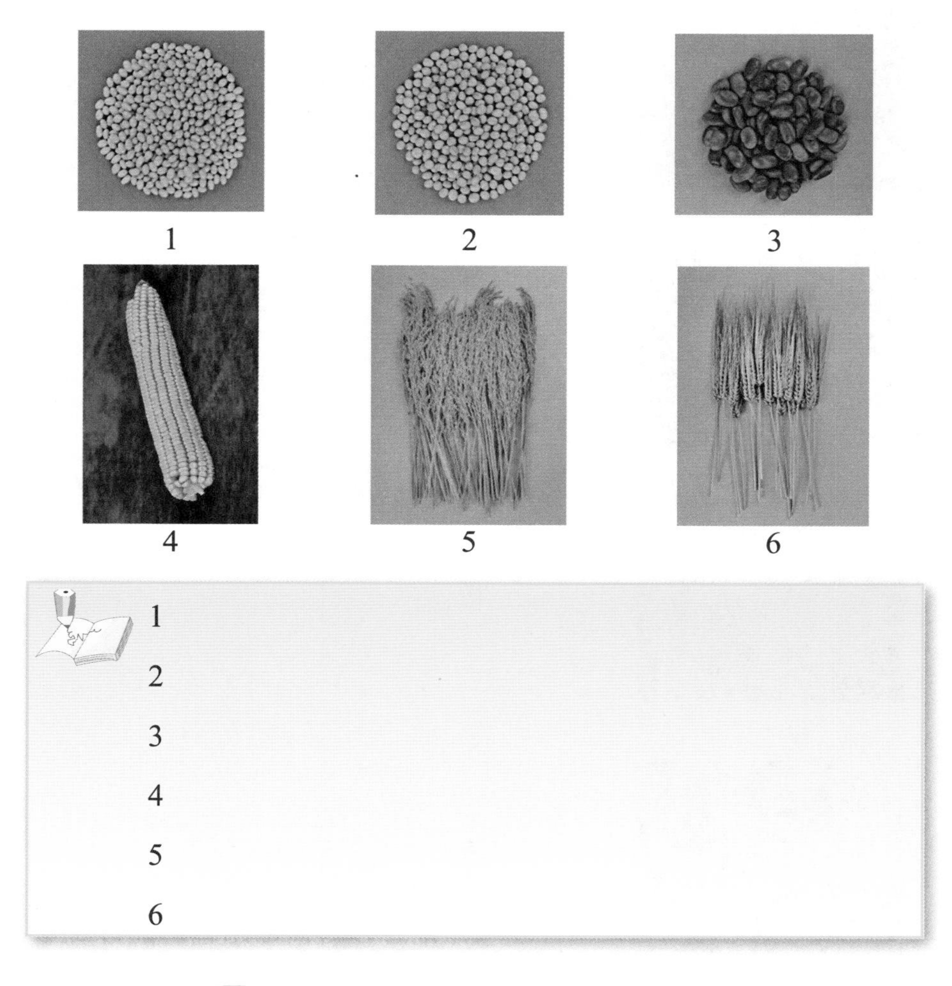

探古寻今

五谷之说最早出现于春秋战国时期，指的就是稻、黍、稷、麦、菽。请你把图片和相对应的名称连一连，并写出它们经过加工后是我们日常的哪些食物。

图　片	名　称	食　物
	稻	
	黍	
	稷	
	麦	
	菽	

科技兴农，即把科学技术具体运用于农业、农村、农民，以解决“三农”方面的问题，许多科研人员为中国农业的发展做出了巨大的贡献。袁隆平这个名字你们熟悉吗？他的科研成果就是著名的杂交水稻。

你能介绍一下袁隆平吗？

杂交水稻生长旺盛，根系发达，穗大粒多，抗逆性强，在水稻专家的培育下，我国水稻单产实现了三次飞跃。请在展厅中找到我国杂交水稻的相关内容，填在下页表中。

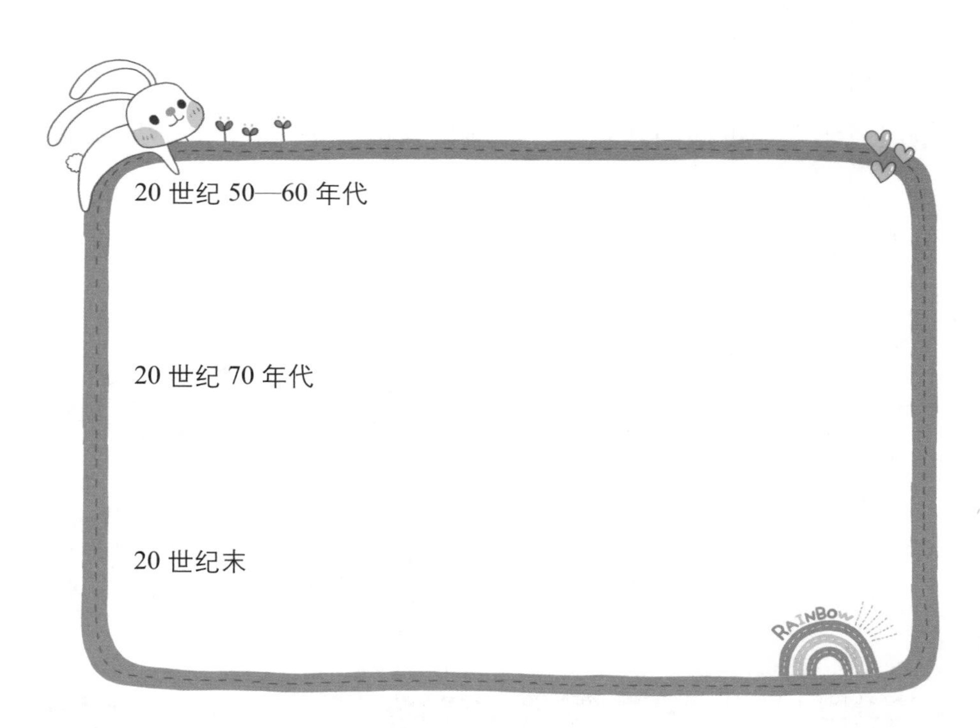

20 世纪 50—60 年代

20 世纪 70 年代

20 世纪末

拓展延伸

黄河流经省（自治区）的主要粮食作物展示图

请根据馆内的农作物展示图，将你了解的各省（自治区）主要农作物写或画在下面的表格中。

省（自治区）请按黄河流经的顺序填写	主要农作物
青　海	青　稞
内蒙古	小　麦
山　东	

餐桌上的美食文化

古人云：民以食为天。粮，更是人的生存之本。如果一国三日无粮，将会自乱。那么，你知道古时餐桌上的美食是什么样的吗？我们一起来探寻一下吧！

渔歌子 · 荻花秋

五代 · 李珣

荻花秋，潇湘夜，橘洲佳景如屏画。
碧烟中，明月下，小艇垂纶初罢。
水为乡，篷作舍，鱼羹稻饭常餐也。
酒盈杯，书满架，名利不将心挂。

仔细阅读这首词，同学们感受到了什么？简单说说你的理解。

词中描述古人餐桌上食物的一句是：____________________

____

你对这句词的理解是什么？

“羹”是指什么？词中的“鱼羹”是指什么？

根据诗文的内容，你觉得诗人李珣写作此词时所在地区是以哪些物产为主？当地人为什么以此为主要食物？这说明人们的饮食习惯与当地的物产有什么关系？

其实，古人生活的南方地区大多是鱼米之乡，所以很多诗词中经常出现“稻”。请你找一找，还有哪些古诗词描写了人们的饮食。

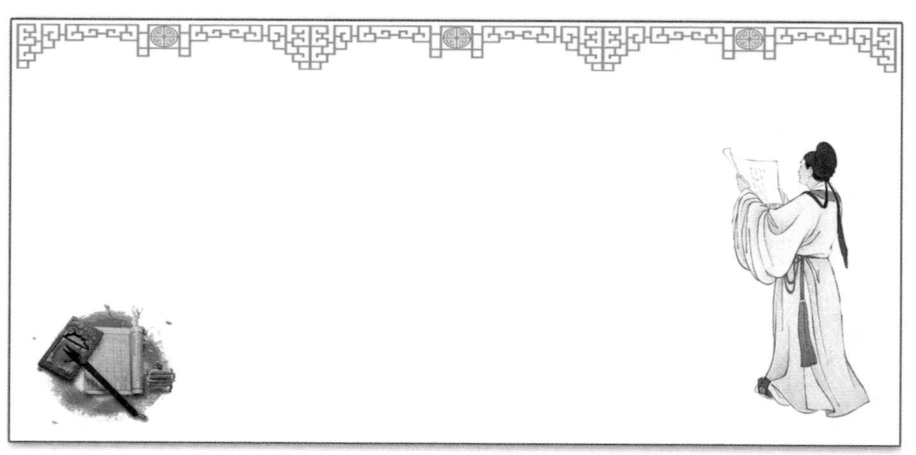

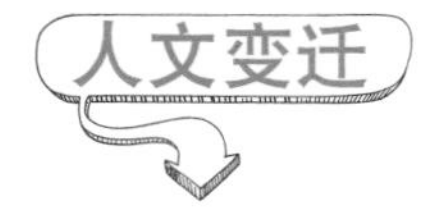

欣赏古诗，你是否已身临其境地感受到了古人诗意般的餐桌

美食？事实上，千百年来，人们一直在不断摸索，向大自然寻求着饮食文化的最佳答案。

那么，你知道我们中华民族的传统节日和节令吗？与此应运而生的节日和节令美食又有哪些呢？请在下面的横线上填一填。

节日美食：饺子、________________

节令美食：青团、________________

节日与节令

节日是指生活中值得纪念的重要日子，是人们在生活中创造的一种民俗文化。有的节日源于传统习俗，比如中国的春节、中秋节、重阳节等。有的节日源于宗教，比如基督教国家的圣诞节。节令，节气时令，指某个节气的气候和物候。有些地方会把一部分的节令当作节日来过，比如清明节、端午节。每个节日和节令，都有说不完的饮食文化……

春　节

春节是中国传统节日之一，春节吃的东西一般都会有所讲究，特别是馄饨、饺子、年糕和春卷，它们象征着年年高，年年有余。春节期间，从腊月二十三至正月十五，每天都有不同的习俗内容，比如“二十三，糖瓜粘”。想一想，你还知道哪些习俗？

端午节

“五月五，是端阳；门插艾，香满堂；吃粽子，撒白糖；龙舟下水喜洋洋。”端午节来临时，粽子、黄鳝、打糕、咸鸭蛋、艾馍馍、茶叶蛋、大蒜蛋、煎堆、雄黄酒等成了人们餐桌上的“常客”。

煎堆，是岭南地区的一种小吃。你知道吃煎堆这个习俗是怎么来的吗？

清明节

在传统文化中，清明节是由“清明”节气、寒食节、上巳节三者共同融合而成的重大节日。在清明习俗中，人们保持了祭奠和嬉游的传统，餐桌上还会摆放青团、清明果、艾粄、枣糕等特色美食供人食用。吃青团是江南一带特有的风俗习惯。你知道青团是怎么做出来的吗？

中秋节

众所周知，中秋吃月饼，是我国流传已久的传统习俗。此外，中秋的传统美食还有糍粑、糯米藕、桂花酒等。

中秋佳节，风清月朗、桂香沁人。流传着很多传说故事。想一想，除了《嫦娥奔月》的故事，你还知道哪些与中秋有关的传统文化故事呢？

生产粮食

粮食的种植

距今约300万年至1万年前，旧石器时代的原始人类生活在辽阔的大地上。当时尚未产生农业，原始人类依靠采集和渔猎为生。然而，随着人口的增长和采集渔猎的强化，人类常常面临饥饿的威胁。如何获得稳定而可靠的食物来源成了农业起源的动力。于是，距今1万年至4000年前，也就是新石器时代，人类的先祖们创始了农业。从最初的刀耕火种、石器锄耕、铁犁牛耕一步步发展到了今天的现代化农业技术。

观察与提问

观察图片，这两种农田环境有什么不同？

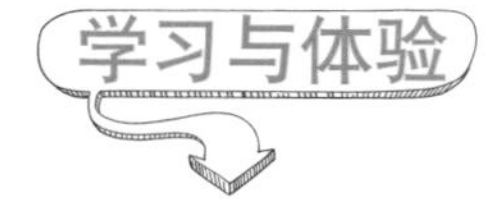

中国是一个农业历史悠久和以精耕细作著称的国家，由于中国的幅员非常辽阔，自然条件和土地资源是非常丰富的。不同地区的耕作类型、耕作制度、粮食类型都不同。秦岭、淮河一线是我国东部地区重要的地理界线，在它的南北两侧，自然环境、地理景观和居民的生产生活习惯有明显的差异。

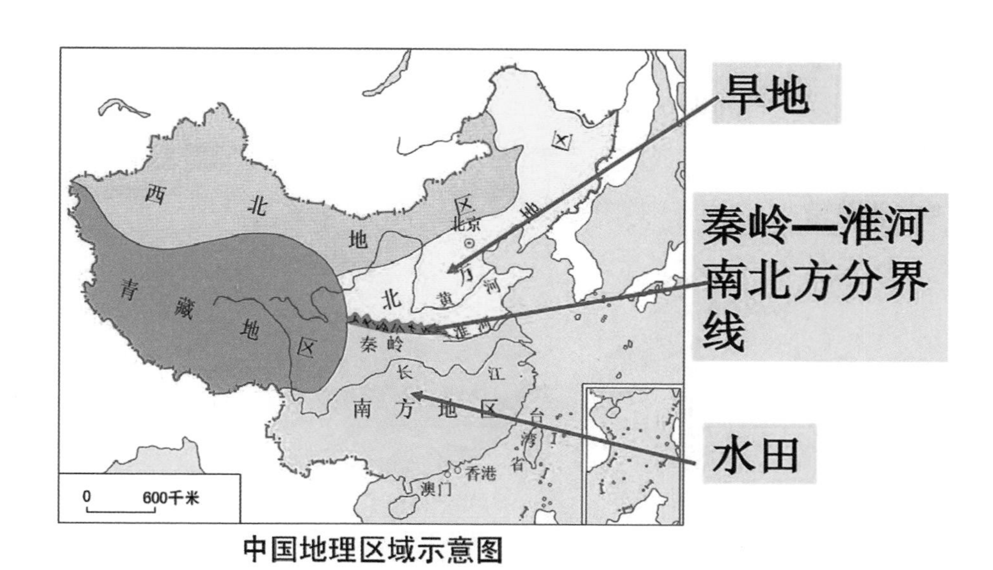

中国地理区域示意图

北方地区降水较少，纬度较高，热量不足，其耕地类型多为旱地；而南方地区纬度较低，降水丰富，热量充足，其耕地类型多为水田。水田主要是指种植水稻、莲藕和其他水生作物，多分布在水源丰富并有灌溉保障的地区。在北方水源条件比较好的地方，水田多呈现“大分散，小集中”的分布格局。

除了耕作类型的差异外，南北方作物的耕作制度——熟制也不同。你能说一说中国的熟制都有哪些吗？

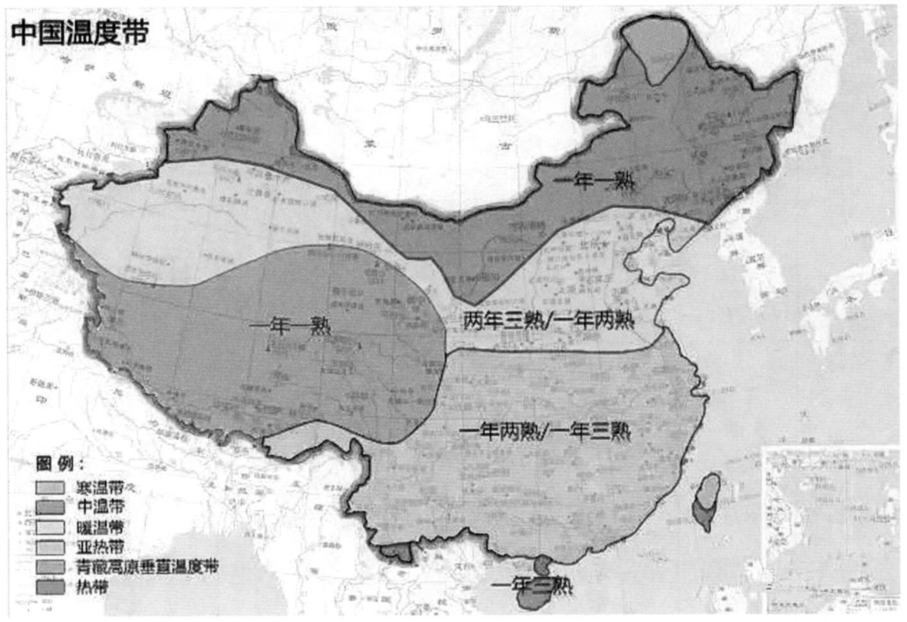

北方的作物熟制是两年三熟或一年一熟；南方的作物熟制是一年两熟到三熟。不同熟制种植的粮食作物的种类也有所不同，

例如，北方地区多为小麦、马铃薯等，南方地区多为水稻等。

观察上页图，请你想一想是什么原因导致了不同地区熟制的差异？

请同学们从上页图以及文字中提取信息，并结合第一单元所学知识填写下表：

温度带名称	耕作制度	主要农作物
中温带		
暖温带		
亚热带		
热带		
青藏高原垂直温度带		
寒温带		

探究与发现

同学们能说一说上图中农田的耕作类型是什么吗？为什么会出现这样的农田？请你结合中国地形分布饼状图，说一说这种耕

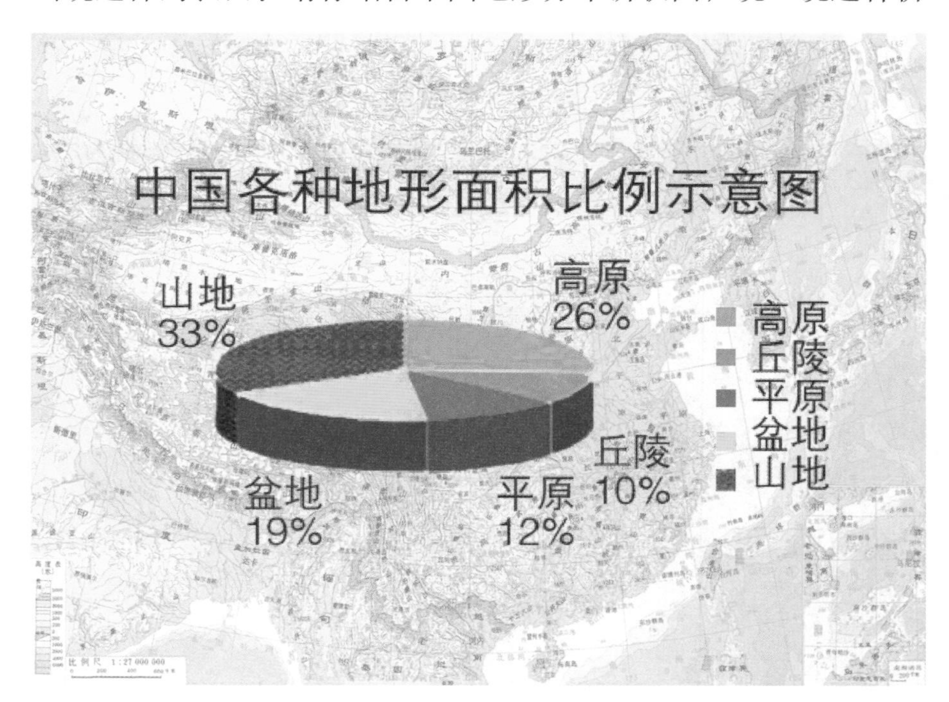

作类型适合在什么地区推广。

中国早在秦汉时期就开始有梯田。种植水稻需要大面积的水塘，而中国东南省份的地形却多丘陵，而很少有适于种植水稻的平原地形。为了解决粮食问题，移民至此的农民构筑了梯田，用一道道的堤坝涵养水源，使在丘陵地带大面积种植水稻成为可能，解决了当地的粮食问题。

你能说一说梯田的优点和缺点吗？

云南五彩梯田

梯田是治理坡耕地水土流失的有效措施，蓄水、保土、增产作用十分显著，梯田的通风透光条件较好，有利于作物生长和营养物质的积累。

我国黄土高原地区土质疏松，由于长期的滥垦、滥伐和滥牧，水土流失严重。梯田成为黄土高原主要的水土保持措施，对建设水土保持型生态农业——梯田农业具有重要的意义。

但是由于梯田的种植对于人力的消耗相比平原要高出很多，种植作物的投入产出比不高，并且梯田存在灌溉、调水等问题，在粮食产量上也没有任何优势，且对于丘陵地带的植被破坏很严重，所以有人说这一耕作方式正在逐渐被淘汰，可能今后将只作为一种旅游资源继续存在。

那么，请你结合梯田的优势与劣势，谈一谈你对于梯田有什么观点？说说你的理由。

在幅员辽阔的中国，粮食的种植根据作物品种、地域、环境的不同也有种种不同的方式。在可耕地不足的情况下，我们的祖先因地制宜建设的梯田不但成功解决了人们的吃饭问题，更充分显示了人与自然的和谐相处。

元阳梯田

土壤的选择小调查

说到土壤，同学们会想到什么？泥土、沙子、土地、尘土……不同的土壤上生长着不同的植物。这是为什么呢？土壤中都有哪些成分是植物生长所必需的？人们在种植粮食的时候会怎样选择土壤？同学们可以开展一次关于种植作物过程中土壤的选择情况的调查。

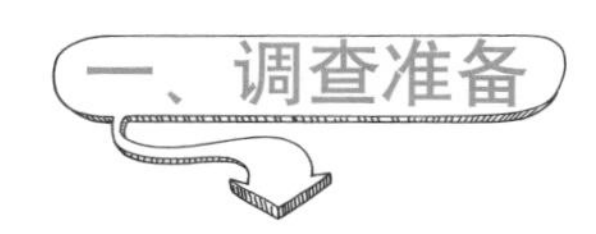

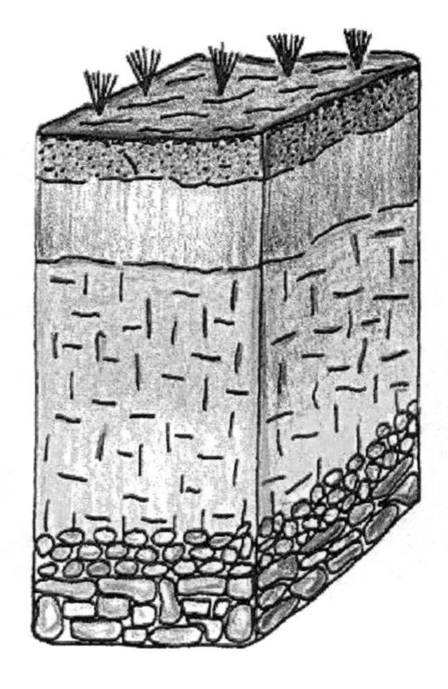

（一）调查背景

1. 什么是土壤

土壤是指地球表面的一层疏松的物质，由各种颗粒状矿物质、有机物质、水分、空气、微生物等组成，能生长植物。

2. 土壤的组成

土壤里的物质可以概括为固体物质、液体物质和气体物质等。固体物质包括土壤矿物质、有机质和微生物通过光照抑菌灭菌后得到的养料等。液体物质主要指土壤水分。气体物质是存在于土壤孔隙中的空气。土壤中这三类物质构成了一个矛盾的统一体。它们互相联系，互相制约，为作物提供必需的生活条件，是土壤肥力的物质基础。

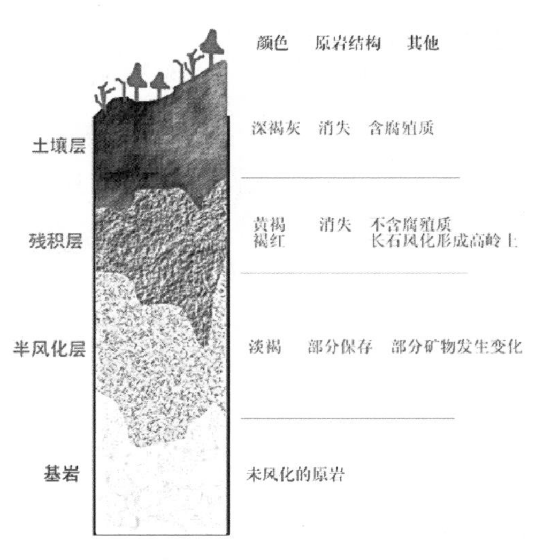

物质类别	土壤的物质构成
固体物质	土壤由矿物质和腐殖质组成的固体土粒是土壤的主体，约占土壤体积的50%，其中矿物质是岩石经过风化作用形成的不同大小的矿物颗粒（砂粒、土粒和胶粒）。
液体物质	土壤中的水分主要由地表进入土中，其中包括许多溶解物质。
气体物质	土壤气体中绝大部分是由大气层进入的氧气、氮气等，小部分为土壤内的生命活动产生的二氧化碳和水汽等。
其　　他	土壤中还有各种动物、植物和微生物。

3. 土壤的种类

按土壤质地分类，土壤一般分为三大类：砂质土、黏质土、壤土三类。

名　称	性　质	图　片
砂质土	含砂量多，颗粒粗糙，渗水速度快，保水性能差，通气性能好。	

续 表

名　称	性　质	图　片
黏质土	含砂量少，颗粒细腻，渗水速度慢，保水性能好，通气性能差。	
壤土	含砂量一般，颗粒一般，渗水速度一般，保水性能一般，通气性能一般。	

（二）调查目的

通过对北京地区土壤成分情况的调查，根据调查结果，分析北京地区的土壤成分，认识到本地区的土壤适合种植何种粮食，并针对北京地区土壤的特质，提出相关种植建议以及土壤合理利用的途径，帮助人们认识土壤的选择对粮食种植的重要性。

（三）调查方法

我选择＿＿＿＿＿＿＿＿＿＿＿＿＿＿＿＿调查方法。

（四）制订计划

请同学们确定活动的主题，制订计划，做好调查准备。

土壤成分调查活动准备记录表		
1	小组成员	
2	人员分工	
3	活动时间	
4	困　　难	
5	解决办法	

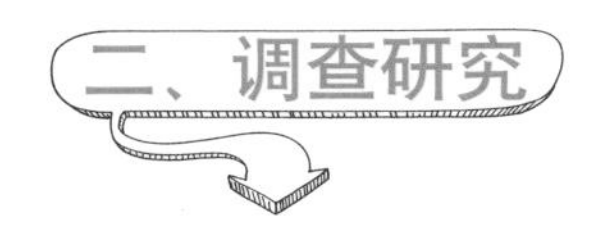

选择适合的调查研究方法，并设计调查方案，与小组成员一起开展调查活动。

1. 准备阶段

①路线调查：例如，史家小学 —乘车→ 北京植物园

②调查区地形特点：________________________________

A. 山地　B. 丘陵地　C. 台地　D. 洼地　E. 其他

③准备调查用的工具和记录设备：______________
（从下面图片中选择并填写在横线上）

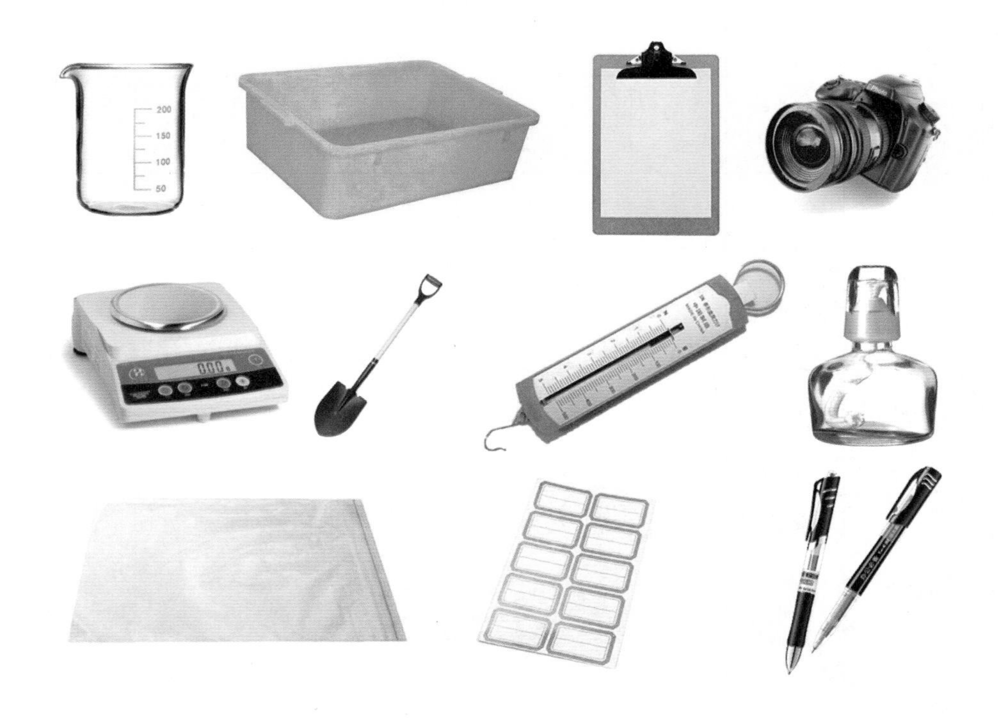

2. 调查阶段

在一块田地中采集样本进行分析时，按下页图所示共采集五处不同地方的土壤作为样土，深度为15厘米左右。通常一亩左右可以取5个点，如下页图所示取样点分布位置。方框代表地块，圆点代表取样点。将土壤放在报纸上充分拌匀，取出500克在报纸上摊开，放置阴凉处进行风干。待干透后，将土块碾碎，进行分析。

注意，取土时不要混进污物或杂物等。

土壤序号	颜　色（青、红、黄、白、黑）	颗　粒（大、中、小）	土质判断（砂质土、黏质土、壤土）	透水性（良、中、不良）	腐殖质（富含、含、无）
1					
2					
3					
4					
5					

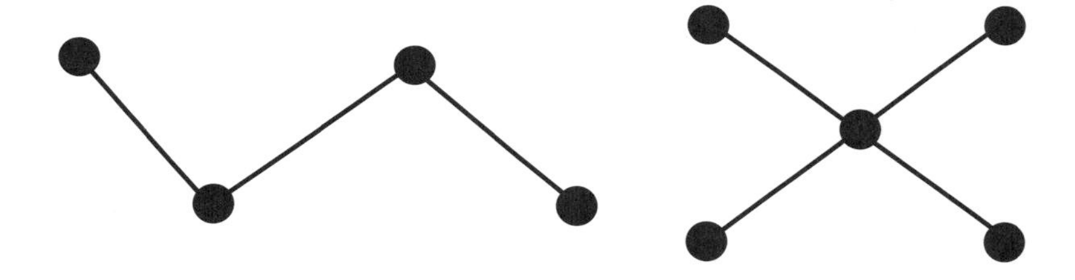

相关知识：

①土性的判断方法：用少量水濡湿土壤，通过手指触觉来判断其中砂质土或黏质土的含量。砂质土：完全不能团成形；黏质土：能团成纸捻粗细；壤土：能团成铅笔粗细的条状。

②透水性的判断方法：查看空隙的多少以及是否有纵向龟裂。表示方法分为“良”“中”“不良”等。

③腐殖质的判断方法：综合土壤颜色的深度、土壤的柔软度、有机物气味的残留度等来判断。表示方法分为“富含”“含”“无”等。

综合上述调查，我发现：______________________________

____

____

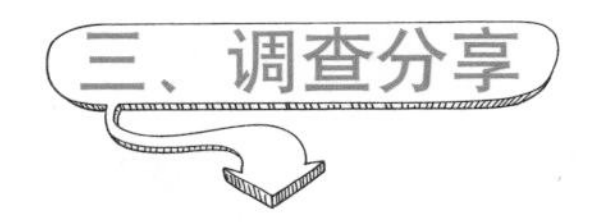

通过调查土壤的成分情况，你了解到哪些？对于种植粮食中土壤的选择你有了哪些新的认识？请你汇总调查信息和结果，并和老师、同学们一起交流分享。

实验小达人：太空种子我种植

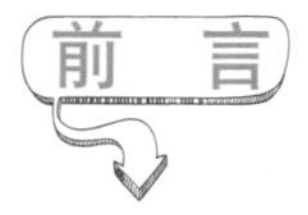

近年来，中国的载人航天器相继升空，引起了世人的关注。但是你知道吗？除了航天员外，航天器还搭载了多种植物的种子呢！也许你会对此产生疑问，其实，这是科学家在进行太空育种实验。那么，用太空种子种植出来的植物到底和普通的植物相比有哪些不同呢？我们一起来比较一下。

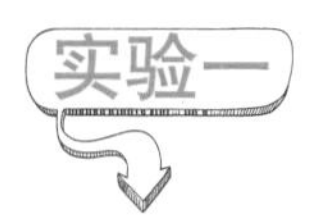

对比观察

观察下面是几组太空种植南瓜的图片，同学们能说出太空南瓜和普通南瓜在外观上的不同点吗？

普通南瓜

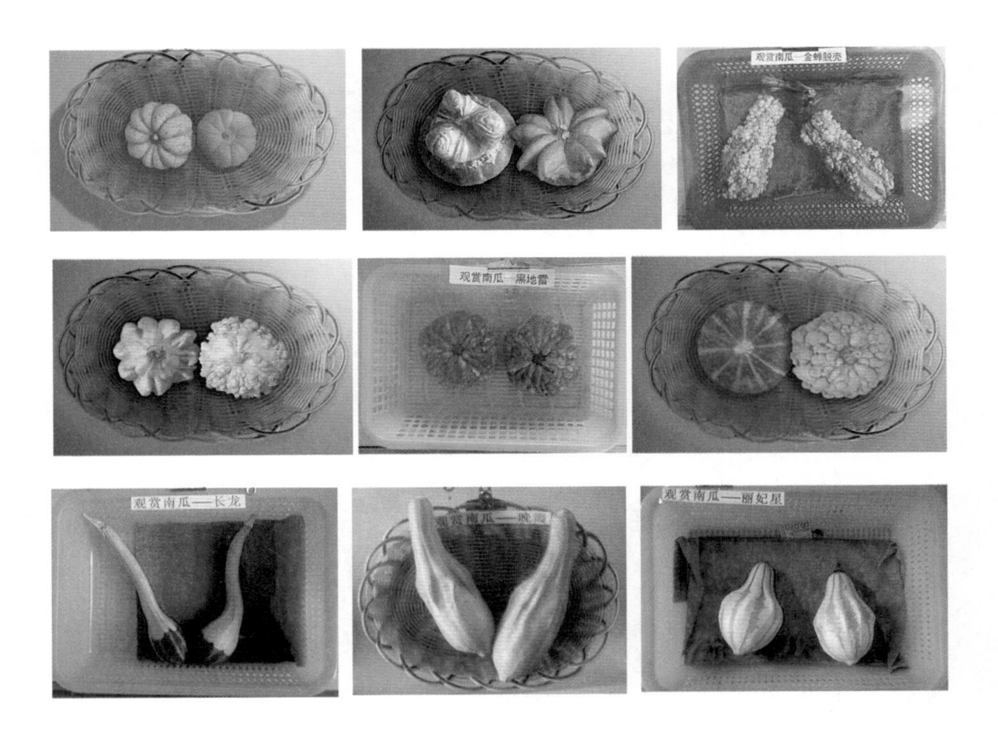

实验记录

通过观察你发现太空南瓜与普通南瓜的不同点有：

我们已经从外观上找到了太空植物和普通植物的不同，同学们能说出其他方面的区别吗？

其实太空植物在很多方面都和普通植物有区别，除了外观不同以外，种植过程中它们也表现出了和普通植物的不同之处，下面我们就在对比种植实验中去发现吧！

实验材料

实验方案

种植植物的方法我们可以询问老师或者家长，也可以上网查阅相关资料，在种植以后我们就可以开始每天记录植物生长的状况了。

对比实验种植记录表

日　期	植株高度	生长情况（图文）	提出的问题或发现
播种 月　日	普通种子		
	太空种子		
发芽 月　日	普通种子		
	太空种子		
初叶 月　日	普通种子		
	太空种子		
开花 月　日	普通种子		
	太空种子		
结果 月　日	普通种子		
	太空种子		

注意事项：要求进行两个月以上的观察，并记录植株的生长周期，认真填写实验记录表，记录真实、详细的数据（有绘图和照片）。

实验结论

通过实验同学们发现了太空植物的特点有哪些呢？

你觉得太空种子为什么和普通种子不同呢？它在太空中受到怎样的环境影响呢？

普通植物种子在太空中受到失重、真空、太空辐射等因素，导致植物基因突变，促使种子发生变异。这种变异是不定向的，并不一定都适应环境，可能是缺点也可能是优点。我们平时说的太空种子是科学家经过多次实验筛选出有利的变异种子。比如，营养价值高、生长周期短、果实大等。

实际上，在太空种植作物有着更大的意义。航天员在太空生活离不开氧气、食物和水，目前这些物资几乎全是发射飞船送入太空，非常昂贵。但通过在太空多栽培植物，可以产生更多的氧气，同时也可以培育蔬菜，达到自给自足。未来甚至可以在空间站饲养动物，作为肉食来源。这些不仅可以降低航天员的太空生活成本，也对人类进入太空中长期生活具有重大意义。

博物学习营：古今农具差异

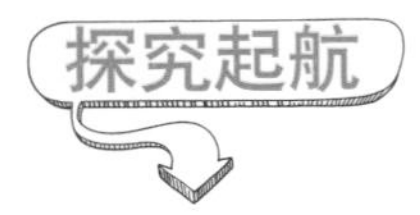

中国被称为农业大国，是因为有悠久的农耕文明。农耕产业的进步依靠的是农具的发展。

两幅图中的人们都在干什么呢？他们用的农具你知道叫什么吗？

农作物

农作物的收获是要经历一个漫长的过程，其中包括整地、育苗、插秧、除草除虫、施肥、灌溉、收获、脱粒、加工这几个主要步骤。

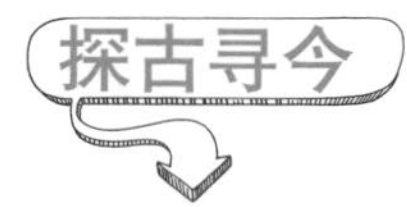

同学们在参观全国农业展览馆活动中，找出以下农具的名称，根据农具用途将它对应的耕作阶段进行连线。

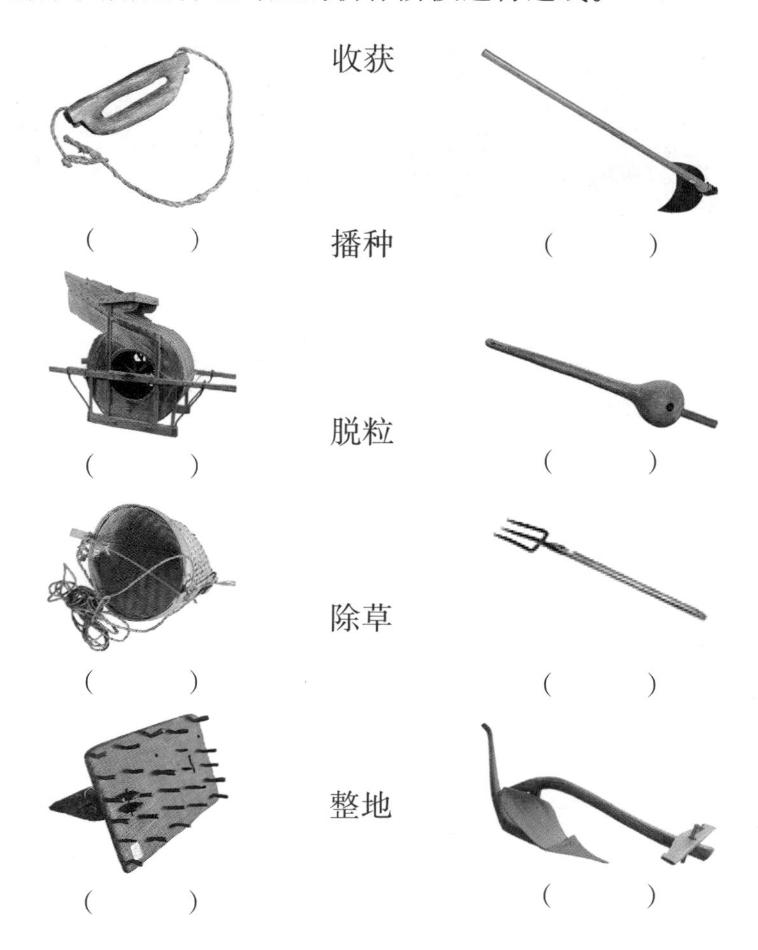

看一看这些现代的农耕机器，你能猜一猜它们的作用吗？写出它们“前世”的工具名称，并动笔画一画它们是什么样子的。

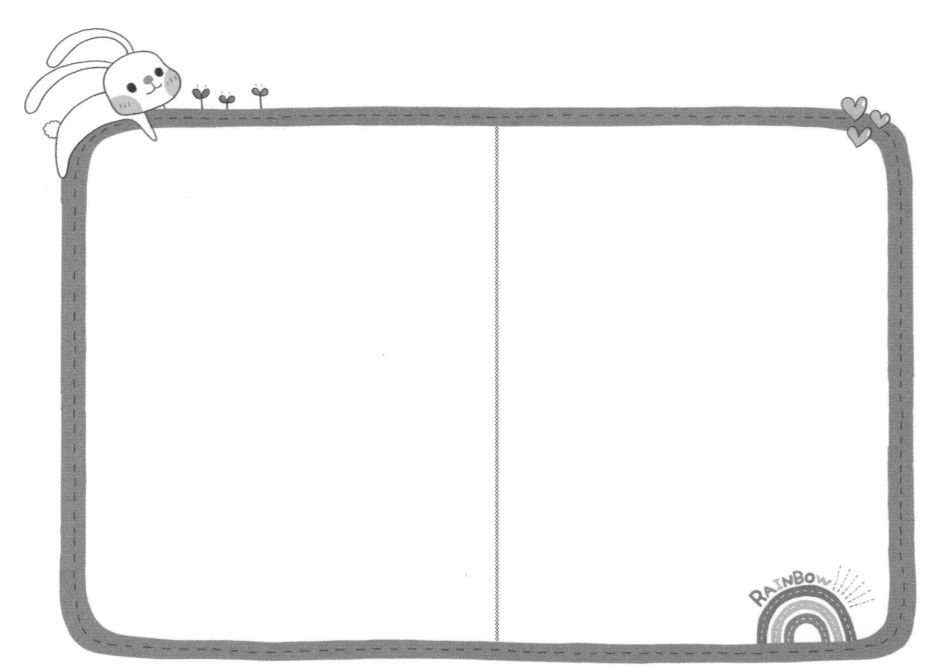

拓展延伸

农业机器人是一种机器，是机器人在农业生产中的运用，是一种可由不同程序软件控制，以适应各种作业，能感觉并适应作物种类或环境变化，有检测（如视觉等）和演算等人工智能的新一代无人自动操作机械。

采摘机器人

耕作机器人

请同学们设计一款机器人，介绍一下它能帮助人们完成哪些农耕工作。

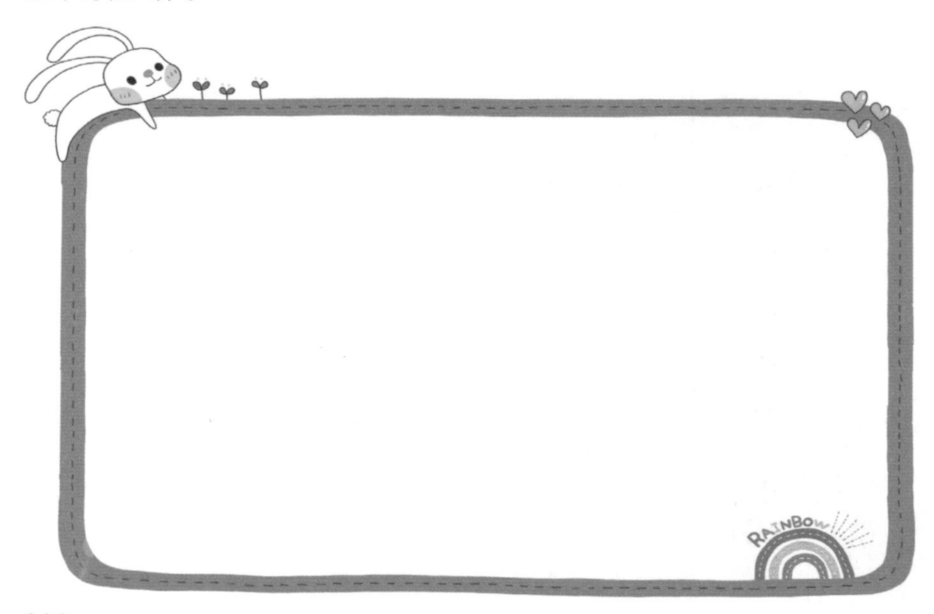

顺应时节

凡事讲究天时、地利、人和。在粮食的种植方面，更是如此。无论古今，农民在耕种时，都要顺应时节的发展，在合适的时间，进行合适的耕种。那么古人对此都有哪些讲究呢？我们一起来看看吧……

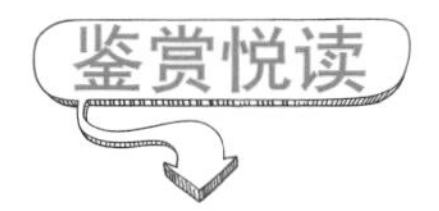

庚戌岁九月中于西田获早稻

东晋 · 陶渊明

人生归有道，衣食固其端。
孰是都不营，而以求自安？
开春理常业，岁功聊可观。
晨出肆微勤，日入负耒还。
山中饶霜露，风气亦先寒。
田家岂不苦？弗获辞此难。
四体诚乃疲，庶无异患干。
盥濯息檐下，斗酒散襟颜。
遥遥沮溺心，千载乃相关。
但愿长如此，躬耕非所叹。

阅读赏析此诗，同学们脑海中产生了哪些画面？你能简单画一画吗？

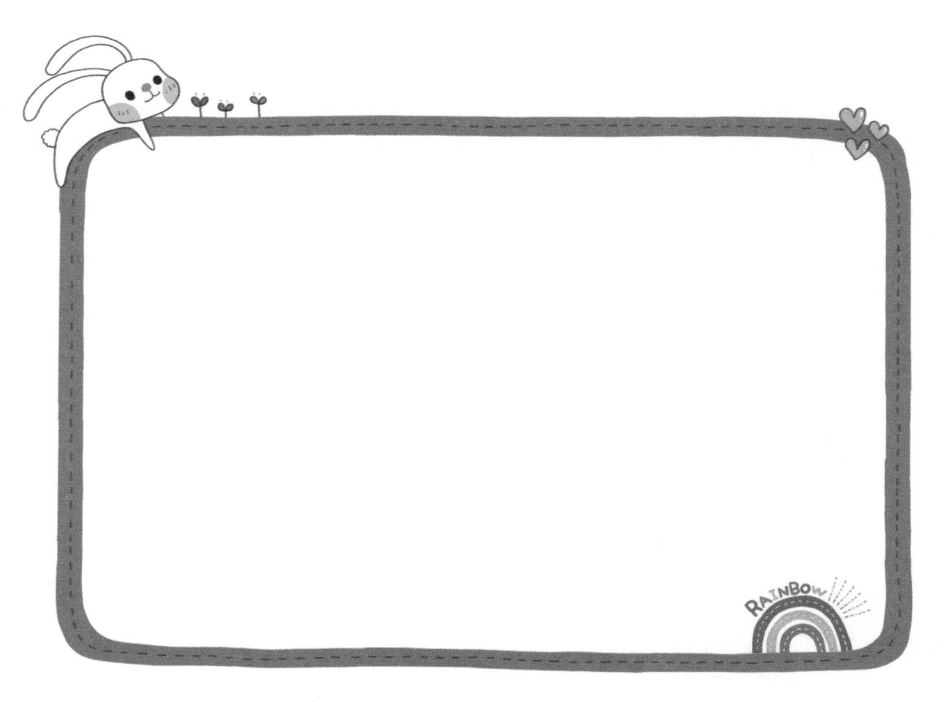

你对此诗的理解有哪些？能简单说一说吗？

根据诗中的内容，请同学们判断本诗题目中的“早稻”，指的是什么？

南宋的周去非在《岭外代答》中提到，钦州有“正、二月种”、“四、五月收”的稻，称为真正意义上的早熟稻品种。

双季稻

人们在长期的生产生活中发现，收获双季稻有连作和间作两种方法。连作即早稻收获后再种晚稻。而间作指的是早稻先插秧，晚稻随后插入早稻行间；早稻收获后，隔一段时间再收晚稻。早稻的出现为收获双季稻创造了条件。

晚稻和早稻因气候环境不同，形成了对栽培季节的适应不同。晚稻种植的气温由高到低，日照由长到短，光照由强到弱，风雨由多到少，而早稻恰好相反。一般早稻的生长期为90—120天，晚稻为150—170天。由于生长期长短和气候条件的不同，同一类型的稻谷的品质也表现出一些差别：早稻米一般腹白较大，硬质粒较少，米质疏松，而晚稻米则反之。

通过阅读小知识，你认为古人为什么要耕种双季稻呢？这里的“早”、“晚”各指的是什么？

请同学们品尝不同的稻米，觉得哪种稻子更好吃呢？为什么？

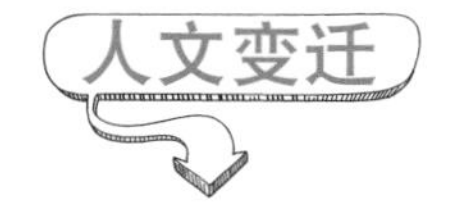

千百年来，人们根据太阳运行和气候变化总结出了中国特有的节气，并靠着这些节气的指导进行着粮食的种植，顺应自然。那么，你知道一年中有多少个节气吗？你会背节气歌吗？请你把节气歌补充完整吧！

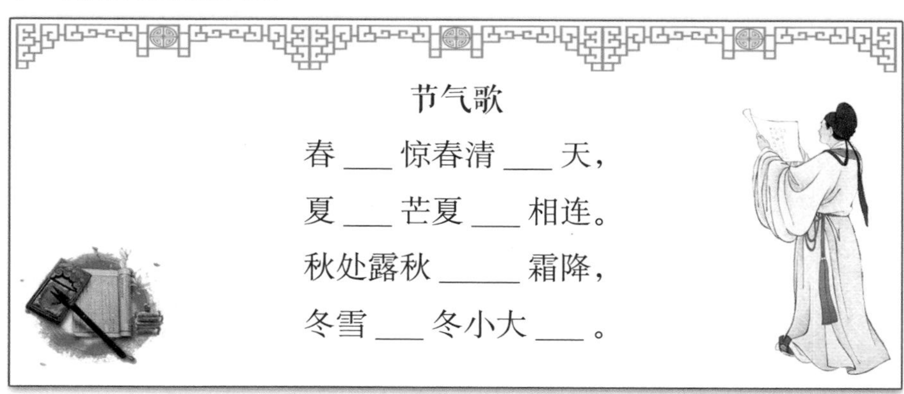

节气歌

春___惊春清___天，
夏___芒夏___相连。
秋处露秋_____霜降，
冬雪___冬小大___。

你能根据节气歌，说出每个节气的名称吗？请你写在下面的空白处，并说一说每个节气大自然会发生什么变化。

填填看

以下是四个与种植有关的重要节气，试着填一填相应的内容。

节气名称：惊蛰	节气名称：小满
时间：＿＿＿＿＿＿＿＿	时间：5月20—22日之间
天气特征：气温上升而很少下雨。	天气特征：＿＿＿＿＿＿＿＿
农事活动：适合农业的播种，这时可以种下水稻和玉米。	农事活动：小麦和大麦在这时候开始成熟，过了小满还没长好，多半就是收成不好了。
节气名称：芒种	节气名称：白露
时间：6月5—7日	时间：9月7—9日之间
天气特征：＿＿＿＿＿＿＿＿	天气特征：白露之后晚上天气转凉，植物上会出现露水。
农事活动：这时小麦会成熟，该给水稻插秧了。	农事活动：＿＿＿＿＿＿＿＿

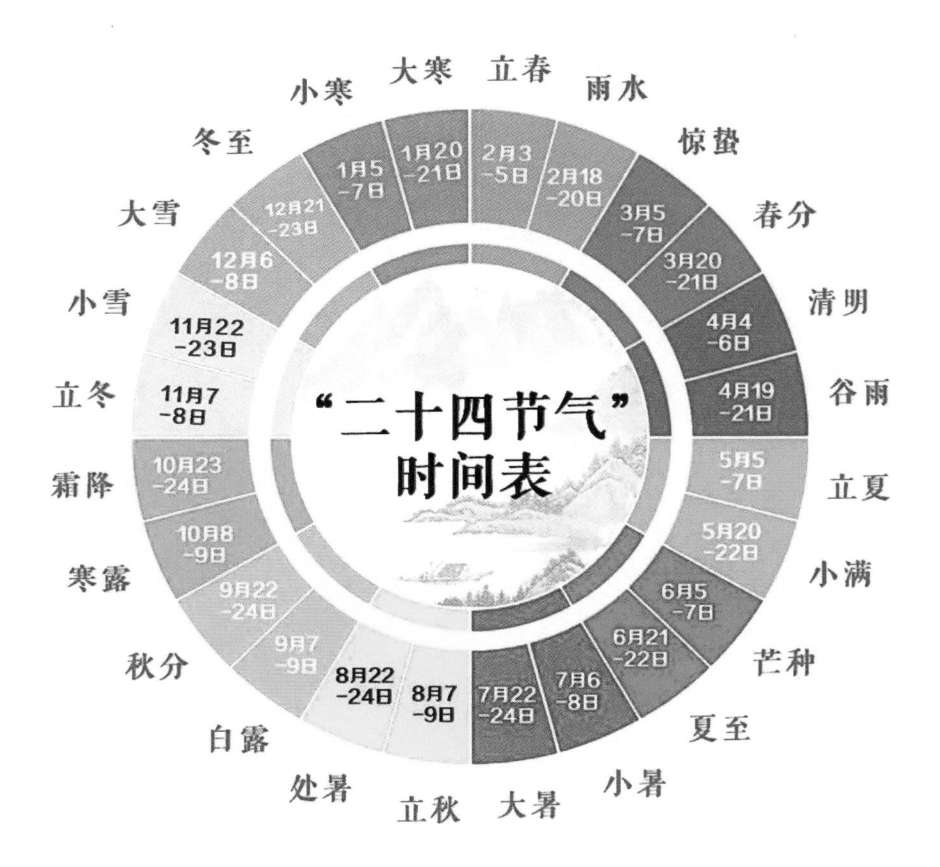
“二十四节气”
时间表
立春
2月3
-5日
雨水
2月18
-20日
惊蛰
3月5
-7日
春分
3月20
-21日
清明
4月4
-6日
谷雨
4月19
-21日
立夏
5月5
-7日
小满
5月20
-22日
芒种
6月5
-7日
夏至
6月21
-22日
小暑
7月6
-8日
大暑
7月22
-24日
立秋
8月7
-9日
处暑
8月22
-24日
白露
9月7
-9日
秋分
9月22
-24日
寒露
10月8
-9日
霜降
10月23
-24日
立冬
11月7
-8日
小雪
11月22
-23日
大雪
12月6
-8日
冬至
12月21
-23日
小寒
1月5
-7日
大寒
1月20
-21日

节约粮食

“零米粒”行动

仓廪实而知礼节，衣食足而知荣辱。粮食是人类生存的第一需求，粮食问题更是关乎国家安全、世界和平的头等大事，是人类永远无法离弃的基本需求。目前全球耕地面积减少，人口数量增多，粮食价格上涨，使很多人面临粮食紧缺的问题。节约粮食成为重中之重。

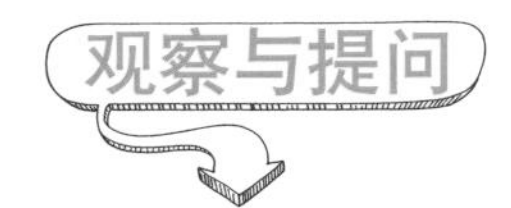

伴随全球气候变暖，撒哈拉以南的非洲大陆干旱加剧，非洲多国面临近 70 年最严重粮食短缺，2000 万人面临饥饿和粮荒。

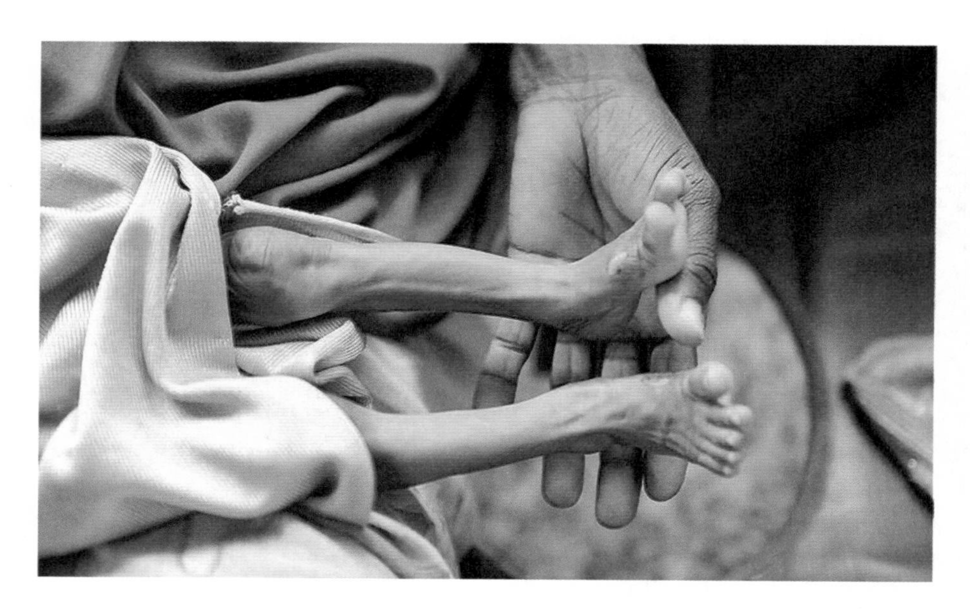

人类历史上关于饥荒有许多的记载，例如，1845—1852 年爱尔兰大饥荒、1932—1933 年乌克兰大饥荒、1942 年河南大饥荒等。你知道为什么会有饥荒现象吗？

面对这样严重的饥荒现状，同学们又能做些什么呢？

小案例

史家小学在1998年提出了全校“零米粒”节粮口号，并开展了节粮系列教育活动。自此，史家小学将这一活动进行广为宣传，并号召全校师生共同参与“零米粒”行动，迄今为止，“零米粒”已成为史家小学一项标志性的师生行为。

2008年5月，史家小学参加由教育部、中央文明办、广电总局、共青团中央、中国科协联合主办的“节粮在我身边”青少年科学调查体验活动启动式。校学生代表向北京市全体中小学生发出节粮倡议，呼吁“节约粮食要从我做起”。

2008年9月21日上午，史家小学的师生参加全国科普日活动，为时任国家副主席习近平同志等国家领导人介绍粮食的营养、粮食的重要性，号召大家健康饮食、节约粮食。

非洲难民乞求食物

浪费粮食

通过以上两幅图片，你认为为什么要开展“零米粒”行动？面对实际情况，同学们又是如何开展的呢？

我为班级设计“零米粒”行动计划

同学们每天都会在学校用餐，请你作为“零米粒”小小宣传员，从人员分工、宣传计划等方面做设计，为班级制订“零米粒”行动计划。

形式自选，例如宣传海报、实施表格等。

中国土地资源总量丰富，人均占有量少，优质耕地少，后续可耕种面积少，是我国土地的基本国情。

2005 年土地利用面积

全国耕地	18.31 亿亩	居民点及独立工矿用地	3.90 亿亩
园　地	1.73 亿亩	交通运输用地	0.35 亿亩
林　地	35.36 亿亩	水利设施用地	0.54 亿亩
牧草地	39.32 亿亩	其余为未利用地	
其他农用地	3.83 亿亩		

2005 年与 2004 年相比，耕地面积减少 0.30%，园地面积增加 2.31%，林地面积增加 0.30%，牧草地面积减少 0.21%，居民点及独立工矿用地面积增加 1.11%，交通运输用地面积增加 3.37%，水利设施用地面积增加 0.26%。

通过分析以上数据，同学们有什么新思考呢？

通过“零米粒”行动，同学们现在能尽力做到在平时的用餐中节约粮食。但还有一些是我们不能控制的因素也导致粮食的浪费。其中一个是粮食的储存和运输问题，另一个是人类无法预计的自然灾害导致的粮食减产。

想一想，粮食作物是怎么来到我们身边的？请你试着用图画的形式表现出来。

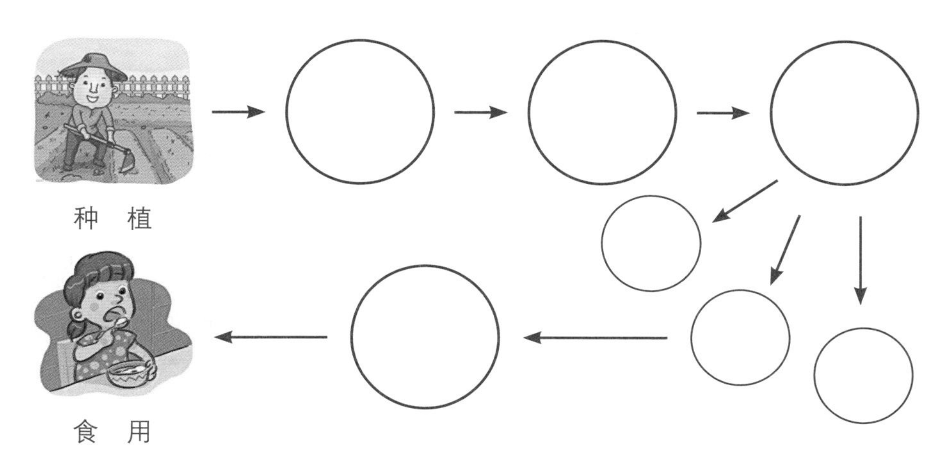

据《中国粮食物流行业发展前景与投资预测分析报告前瞻》数据监测中心的数据显示，2011 年，粮食产量实现半个世纪以来首次连续八年增产。然而，粮食的增产并不能较好的控制粮价的上涨，其中一个原因是中国的粮食现代物流发展还比较落后，物流成本高、效率低、损耗大的问题仍然很突出。近年来，国家也通过各种方法在整治粮食运输过程中的浪费现象。

但是自然灾害是无情的。农民伯伯辛辛苦苦播种的作物，往往在自然灾害的突袭中一扫而空，留下无奈的背影和粮食的减产。

自然灾害发生后，向灾区输送食物通常成为救灾的第一任务，但当规模较大，且涉及地域广阔的自然灾害发生时，局部地区的粮食短缺仍然时常发生。灾区加之基本生活条件的破坏，人们被迫在恶劣条件下储存食品，很容易造成食品的霉变和腐败，加剧粮食危机。所以我们更应该珍惜这来之不易的粮食作物。

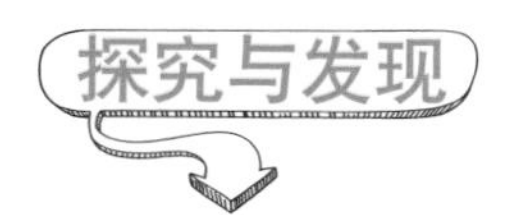

在人类居住的地球上，不仅动植物，而且农作物的品种也在日益减少。古代先农们种植过多达数千种的农作物，而只有大约150种被广泛种植，成为人们主要的食物来源。其中，玉米、小麦、水稻约占60%，而大多数其他农作物品种已处于灭绝的边缘。随着农作物品种日趋单一和世界人口爆炸性增长，全世界粮食供应正变得日益脆弱。

世界粮食日（World Food Day，缩写为WFD），是世界各国政府每年在10月16日围绕发展粮食和农业生产举行纪念活动的日子。世界粮食日是由1979年11月举行的第20届联合国粮食及农业组织大会决定：1981年10月16日为首次世界粮食日。

联合国粮食及农业组织的宗旨是保障各

国人民的温饱和生活水准；提高所有粮农产品的生产和分配效率；改善农村人口的生活状况，促进农村经济的发展，并最终消除饥饿和贫困。

以下是近些年世界粮食日的主题，请同学们以小组的方式，选择一个主题，查阅资料，想一想为什么确定这些主题，这些主题说明了什么？并和大家分享一下主题背后的故事和意义。

年　份	主　题
2011	粮食价格——走出危机走向稳定
2012	办好农业合作社，粮食安全添保障
2013	发展可持续粮食系统，保障粮食安全和营养
2014	家庭农业——供养世界，关爱地球
2015	“社会保护与农业——打破农村贫困恶性循环”，旨在呼吁各国加大对农村贫困家庭提供社会保障的力度
2016	气候在变化，粮食和农业也在变化
2017	改变移民未来——投资粮食安全，促进农村发展

节粮习惯小调查

“锄禾日当午，汗滴禾下土。谁知盘中餐，粒粒皆辛苦。”这首耳熟能详的《悯农》生动形象地表现了农民种植粮食的不易，劝导我们要珍惜农民伯伯的劳动成果，不浪费每一粒米。对于节约粮食，同学们有哪些好的方法和习惯呢？请你对此展开调查。

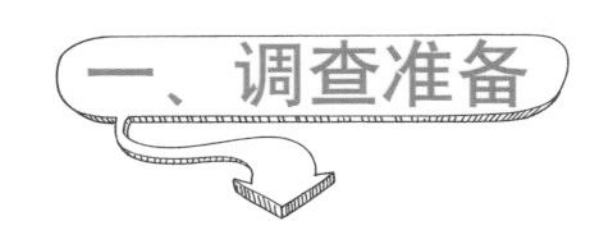

（一）调查背景

1. 世界粮食日

世界粮食日（World Food Day，缩写为 WFD），是世界各国政府每年在 10 月 16 日围绕发展粮食和农业生产举行纪念活动的日子。

2. 光盘行动

“光盘行动”，即倡导厉行节约，反对铺张浪费，带动大家珍惜粮食、吃光盘子中的食物的活动，得到从国家到民众的广泛支持，成为 2013 年十大新闻热词、网络热度词汇，最知名公益品牌之一。

3.“零米粒，我们在行动”

1998年，史家小学提出“零米粒”节粮口号，全校师生开展了节粮系列教育活动。二十年来，“零米粒”已成为史家小学的教育品牌，曾获得全国创新大赛十佳创新实践活动。2016年，北京市委教育工委、市教委在史家小学举办“零米粒，我们在行动”主题教育活动启动仪式。

（二）调查目的

通过对生活中浪费粮食情况的调查，根据实际调查结果，分析人们的日常生活习惯中造成粮食浪费的原因，认识到节约粮食的重要性，并针对浪费粮食的行为，提出合理化建议，帮助人们养成节约粮食的好习惯。

（三）调查方法

我选择________________调查方法。

（四）制订计划

请同学们确定活动的主题，制订计划，做好调查准备。

节约粮食调查活动准备记录表		
1	小组成员	
2	人员分工	
3	活动时间	
4	困　　难	
5	解决办法	

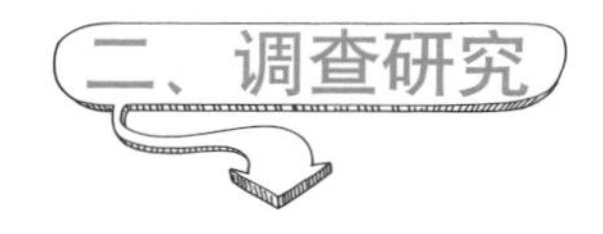

选择适合的调查研究方法，并设计调查方案，与小组成员一起开展调查活动。

同学们可以借鉴下面的问卷设计进行调查，根据实际情况自行增减，更换调查项目，或者独立设计新的调查表展开活动。也可以选择其他调查研究方法进行调查，并将调查设计方案写出来。

节约粮食小调查

调查人员：________________ 调查时间：____________________

序号	调查问题
1	您的年龄是多少岁？ A. 6—12 岁　B. 13—18 岁　C. 19—30 岁　D. 30 岁以上
2	您每餐是否存在浪费粮食的情况？ A. 基本没有　B. 有时会有　C. 存在，但浪费不多　D. 浪费
3	您多久去一次饭店？ A. 很少去　B. 每月 1—2 次　C. 每周 1—2 次　D. 天天吃
4	您一般每人点多少个菜？ A. 每人 1 个　B. 每人 2 个　C. 每人 3 个及以上　D. 不确定
5	您在外出就餐时是否会出现剩菜？ A. 每次都剩　B. 剩的不多　C. 有时会剩　D. 基本不剩
6	您在外用餐时怎样处理剩菜？ A. 全部打包带走　B. 有选择的打包　C. 剩下不管　D. 其他 __________
7	您外出用餐时如何点菜？ A. 按照人数及用餐量　B. 按照口味及特色　C. 讲究排场　D. 其他 _____
8	如果您的同学、朋友或家人有浪费粮食的现象，您会怎样做？ A. 劝导他 / 她　B. 帮他 / 她吃完　C. 想劝，但不好意思开口　D. 无所谓
9	您知道“世界粮食日”吗？ A. 知道　B. 忘记了　C. 没听说过　D. 不确定
10	您对节约粮食有什么好的提议？ ______________________________

综合上述调查，我发现：______________________________

____

我的“零米粒”节粮记录表

	周日	周一	周二	周三	周四	周五	周六
早餐							
午餐							
晚餐							

班级“零米粒”节粮记录表

	早餐	午餐	晚餐
第一组			
第二组			
第三组			
第四组			
第五组			
第六组			
第七组			
第八组			

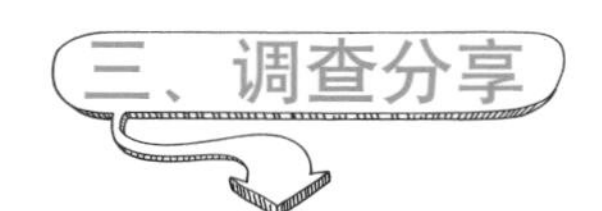

通过调查节约粮食情况，同学们了解到哪些？对于浪费粮食的原因你有了哪些新的认识？针对这些浪费行为，你有哪些合理化建议？请你汇总调查信息和结果，并和老师、同学们一起交流分享。

通过记录个人和班级的“零米粒”节粮行为，你发现了哪些变化？请你用绘画、文字或者相机记录下来吧！

一粥一饭，当思来之不易；半丝半缕，恒念物力维艰。勤俭节约是中华民族的传统美德。节约粮食，从我做起！

实验小达人：储粮方案我设计

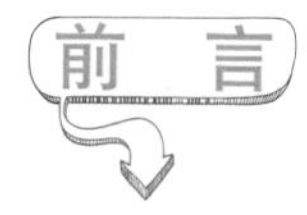

我们国家每年浪费的粮食数量很多，很大一部分是因为储存手段不科学导致食物变质。那么，怎样储存粮食才能使粮食存放更长时间呢？我们通过实验来学习一下吧。

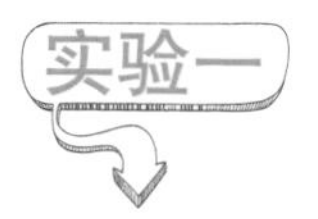

实验材料

大米10克、培养皿4个、表面皿4个、脱脂棉4块、盖子4个。

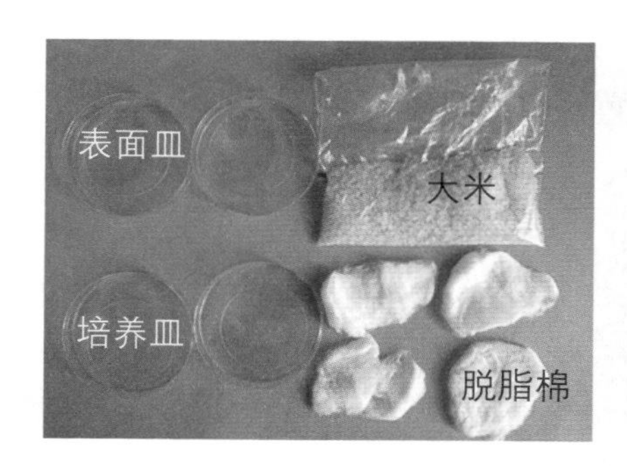

实验方案

第一步，把4个培养皿刷洗干净，晾干后铺上脱脂棉，然后分成两组，每组两个，贴标签，做记号，第一组为A、B，第二组为C、D。

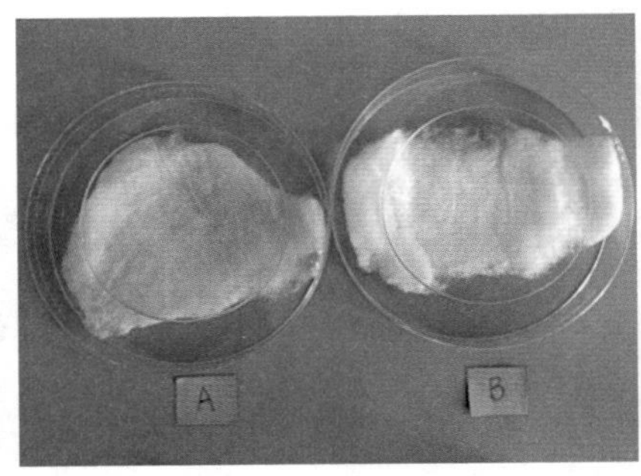

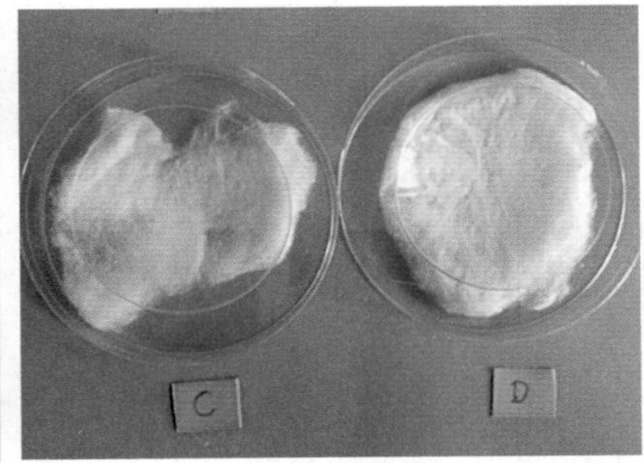

第二步，制造储存大米的不同环境。将A和C里面加入湿润的脱脂棉，这组为湿润的环境。B和D不加水为干燥的环境。

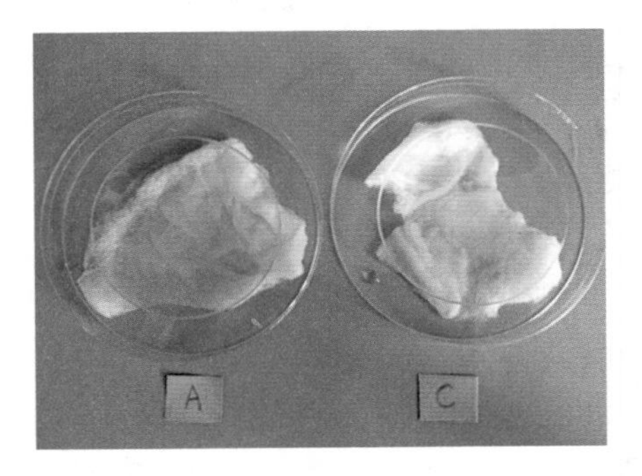

第三步，数20粒大米，分别放置在4个清洁干燥后的表面皿上。

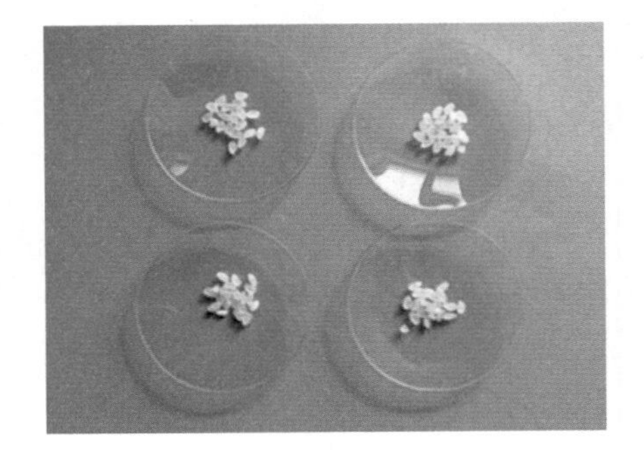

第四步，将装有大米的表面皿小心放入培养皿里，盖上盖子。

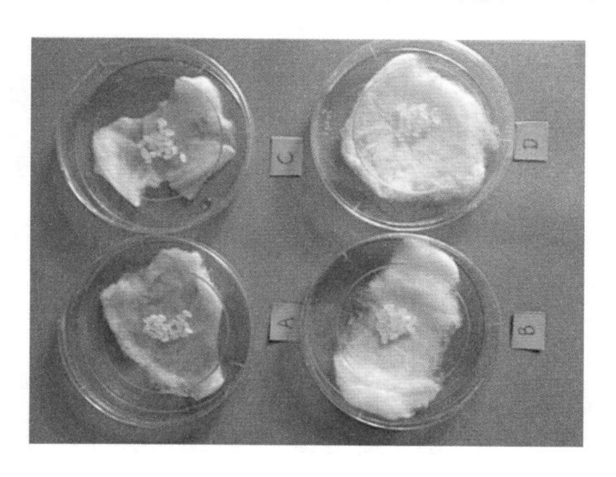

第五步，将第一组放到低温的冰箱里保存，第二组放到有光并且暖和的室内保存。

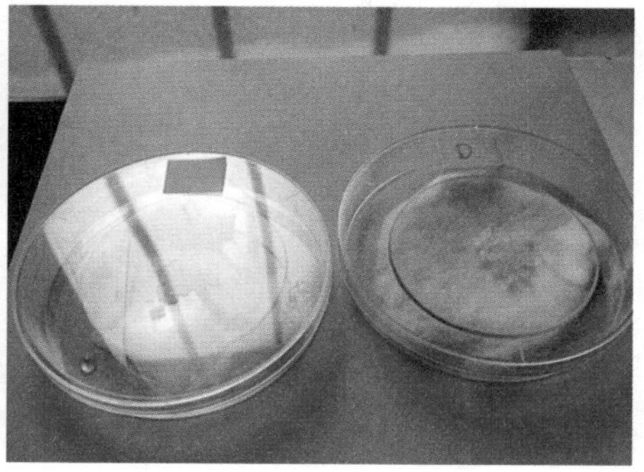

第六步，保持两周的时间，每隔 3 天观察，并把看到的现象填到下面的表格里。

提示：可以用瓶子代替培养皿来做实验，要求瓶盖能拧严；米粒不能直接放在脱脂棉上；可以用小塑料袋装米，把口打开。

实验记录

观察时间 现象	第一天	第四天	第八天	第十二天
冰箱中的 A				
冰箱中的 B				
室内的 C				
室内的 D				

实验结论

通过实验我们发现大米在什么样的环境下发霉?

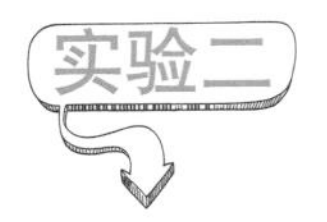

我们已经知道了大米在什么样的环境下容易发霉，生活当中有很多方法可以防止发霉现象的产生。那么下面给大家出示几种储存大米的好方法，你能说出它的原理吗?

实验分析

白酒防霉法：在酒瓶中装上 50 克左右的白酒，敞开瓶口，然后把装有酒的瓶子埋在米中，瓶口高出米面，将米缸盖好或将米袋封口。可以防止大米发霉。

原 理 ________________________________

____

真空包装法：抽走米袋中的空气，可以防止大米发霉。

原 理 ________________________________

____

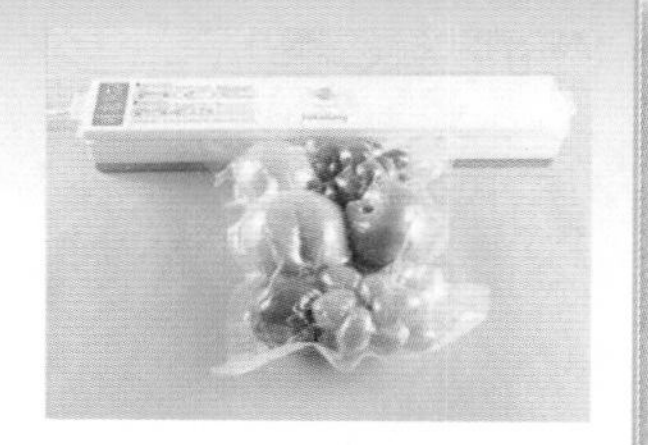

低温储藏法：将大米放入容器，置于冰箱内低温储藏，可以防止大米发霉。

原 理 ________________________________

____

大米是我们生活中最常见的粮食之一，也是很多国家的主要粮食。但是在夏季大米不容易储藏，温暖和湿润的环境很容易产生霉变，时间长了会产生“黄曲霉菌”。霉变的大米不要吃，因为其中的黄曲霉素无法通过淘洗去除，也不能通过高温煮沸分解。专家指出，食用霉变大米虽然一次性毒性不大，但长期食用会导致癌变。霉变与大米的含水量、环境温度、湿度、气体成分相关。水分的含量在12%以下时，霉菌繁殖困难，20℃以下大为减少，10℃以下完全抑制其繁殖，霉菌停止活动。所以我们应该从降低温度、湿度、氧气含量几方面来防止大米发霉。如果我们没有掌握防霉技术将会造成极大的浪费，给国家粮食安全带来严重的隐患。所以储存好自家的粮食，减少或避免储存环节的浪费，也是节约粮食的一种行动。

博物学习营：粮食加工方法

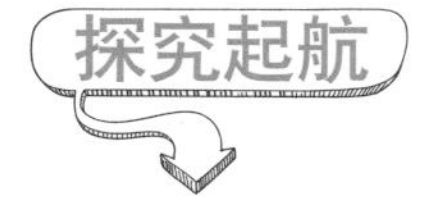

食不厌精，脍不厌细。美食在满足人们生理需求的同时，会给我们带来快乐。今天就来研究一下“食品与我们的生活”。

黄　豆　　豆　腐　　豆　浆

豆腐丝　　豆　皮　　腐　竹

这几张图是生活中常见的食物，同学们认识吗？它们之间有什么联系呢？

探古寻今

小时候，奶奶亲手做一杯豆浆，香喷喷的至今难忘。而那个年代怎样才能做成豆浆呢？就需要用到它——石磨。

石磨是能够把米、麦、豆等粮食加工成粉、浆的一种工具。通常由两个圆石做成。磨是平面的两层，两层的接合处都有纹理，这纹理有什么作用呢？

观察所给出的图片，在椭圆形框中写出它们的名称；或根据所给名称在长方形框中画出对应农具。

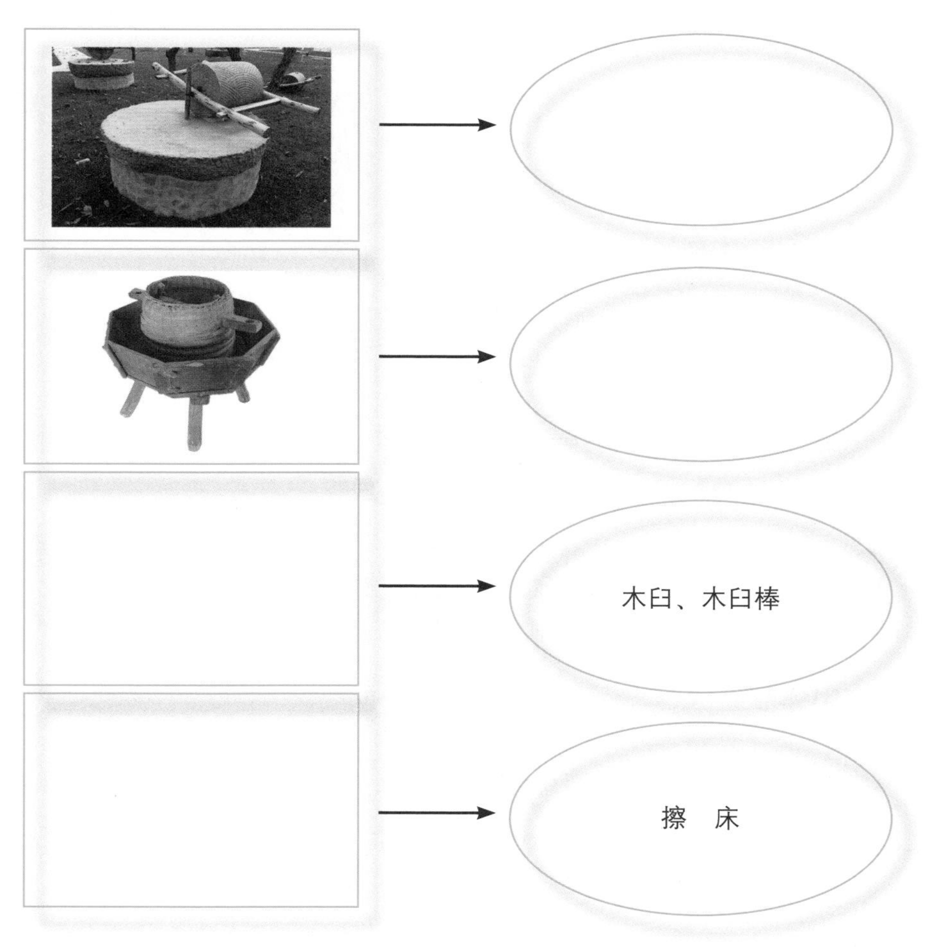

随着科技的进步，我们创造出了电子豆浆机，让我们随时随地都能喝到营养丰富的豆浆。

1. 倒入食材　2. 安装机盖　3. 按钮工作

4. 倒水　5. 泡豆子

以上是用豆浆机制作一杯豆浆的过程，请把这几张图片进行排序，将序号填写在下面。

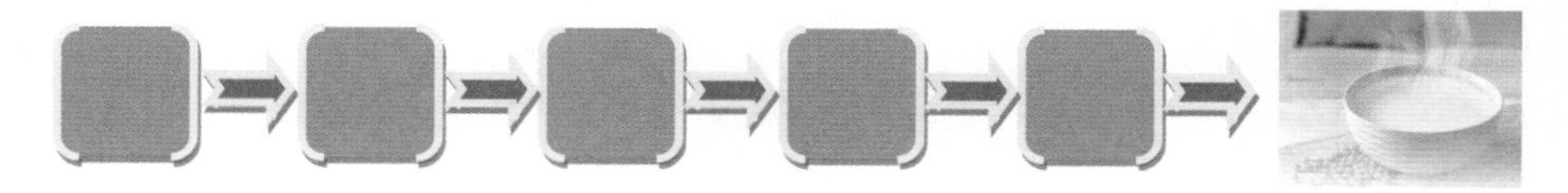

小体验：

回家按照制作豆浆的正确步骤，自己动手来做一杯香喷喷的豆浆吧！在制作豆浆的过程中，你有什么小秘诀能让豆浆更美味呢？分享给大家吧！

拓展延伸

下面这几种美食，你知道它们都是用什么粮食制作的吗？从原料到我们享用的美食都用了哪些加工方法呢？

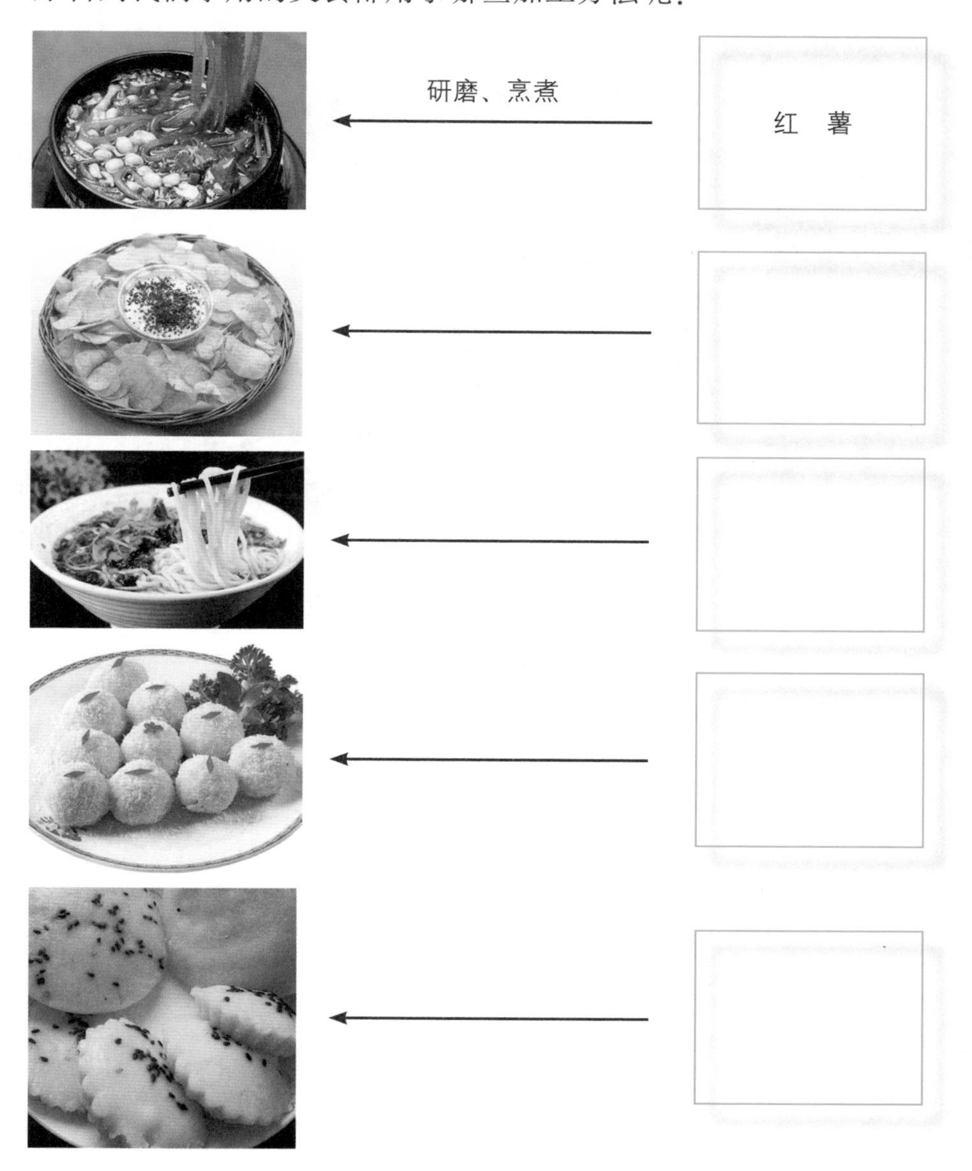

粮食不仅可以满足我们人体的基本需求，还可以预防和辅助治疗很多的疾病。健康的平衡饮食可以保证人体的正常生理代谢，提高身体免疫力，使人体更健康，并减少疾病的发生。

佳肴美味贵有节，每餐定时又定量

节粮习惯我养成

粮食得来不易，自古至今，我们都面临着粮食短缺等问题。许许多多的人们，为了节约粮食做了许多努力。而古人又是如何做的呢？我们一起来了解一下……

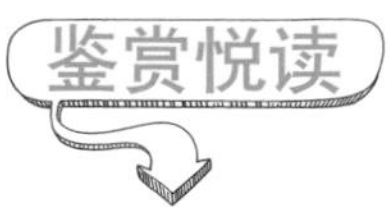

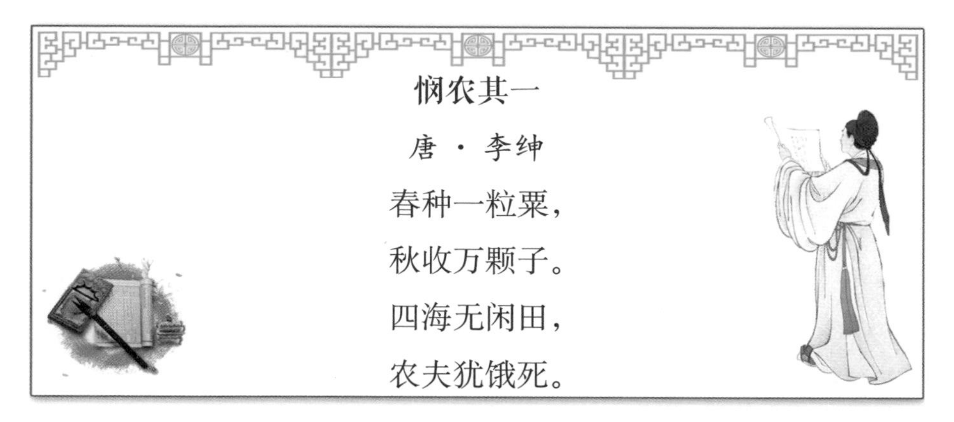

悯农其一

唐 · 李绅

春种一粒粟，

秋收万颗子。

四海无闲田，

农夫犹饿死。

通过阅读此诗，你的脑海中浮现了一幅什么样的画面？你能简单画在下面吗？

其实，说起李绅的《悯农》二首，你一定对《悯农》其二这首诗更加地了解，你能将这首诗写出来，并将此诗的配图简单画在边上吗？

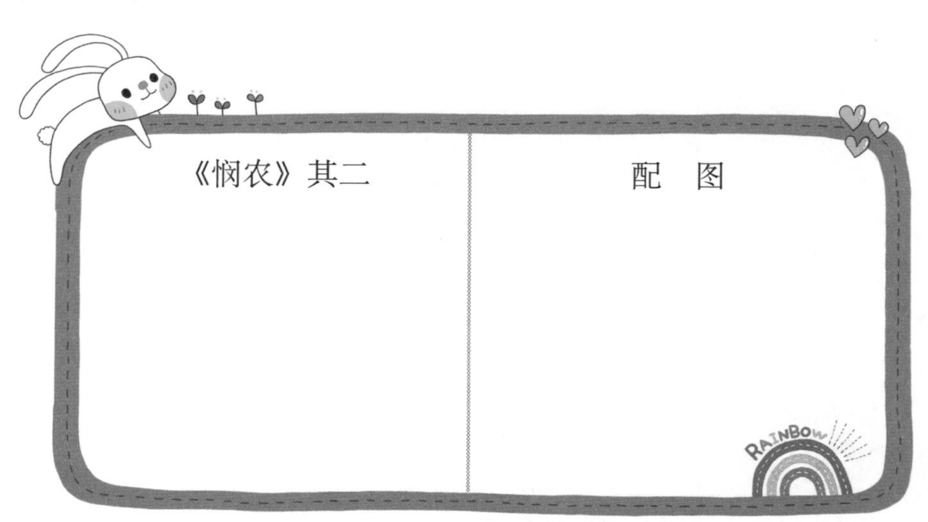

此诗又表达了一种什么情感呢？你能简单描述一下吗？

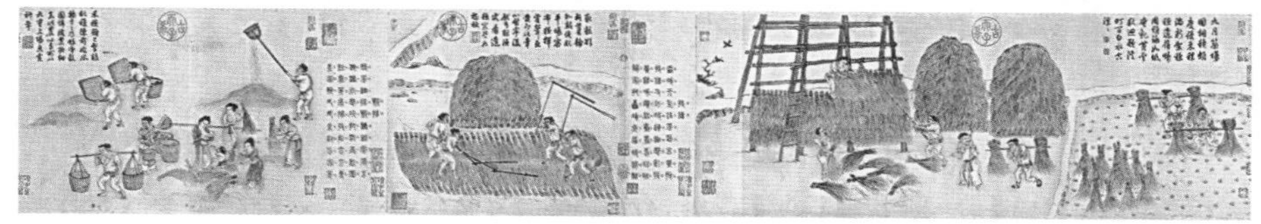

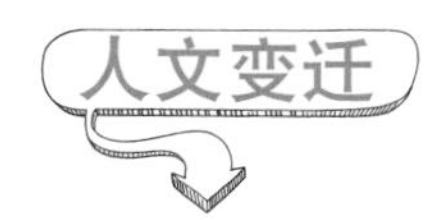

古时候，人们对粮食十分的珍惜。除了体现在诗中，还有这样一些古人，他们将节粮、惜粮作为一条家训，时时刻刻提醒着自己，警醒着子孙后代。

北宋时的司马光是一位有名的宰相。他虽身居高位，但仍以节俭为本。他认为穿衣能够御寒，吃饭能够吃饱就足够了。他还教导儿子说“俭朴为荣，奢侈为耻”。

明清时期的朱柏庐在《朱子治家格言》（世称《朱子家训》）中记载：“一粥一饭，当思来之不易；半丝半缕，恒念物力维艰。”

朱柏廬先生治家格言

黎明即起洒掃庭除要內外整潔既昏便息關鎖門戶必親自檢點一粥一飯當思來處不易半絲半縷恒念物力維艱宜未雨而綢繆毋臨渴而掘井自奉必須儉約宴客切勿留連器具質而潔瓦缶勝金玉飲食約而精園蔬愈珍饈勿營華屋勿謀良田三姑六婆實淫盜之媒婢美妾嬌非閨房之福童僕勿用俊美妻妾切忌艷妝祖宗雖遠祭祀不可不誠子孫雖愚經書不可不讀居身務期儉樸教子要有義方莫貪意外之財莫飲過量之酒與肩挑貿易毋佔便宜見窮苦親鄰須加溫卹刻薄成家理無久享倫常乖舛立見消亡兄弟叔侄須分多潤寡長幼內外宜法肅辭嚴聽婦言乖骨肉豈是丈夫重貲財薄父母不成人子嫁女擇佳婿毋索重聘娶媳求淑女勿計厚奩見富貴而生諂容者最可恥遇貧窮而作驕態者賤莫甚居家戒爭訟訟則終凶處世戒多言言多必失勿恃勢力而凌逼孤寡毋貪口腹而恣殺牲禽乖僻自是悔誤必多頹隳自甘家道難成狎暱惡少久必受其累屈志老成急則可相依輕聽發言安知非人之譖愬當忍耐三思因事相爭焉知非我之不是須平心暗想施惠無念受恩莫忘凡事當留餘地得意不宜再往人有喜慶不可生妒嫉心人有禍患不可生喜幸心善欲人見不是真善惡恐人知便是大惡見色而起淫心報在妻女匿怨而用暗箭禍延子孫家門和順雖饔飧不繼亦有餘歡國課早完即囊橐無餘自得至樂讀書志在聖賢為官心存君國守分安命順時聽天為人若此庶乎近焉

传说明太祖朱元璋建立明朝时正逢天灾，百姓生活非常困苦。而一些达官贵人却整日花天酒地。因此就想了一个主意整治这个不良风气。朱元璋给皇后过生日时，只用红萝卜、韭菜、青菜两碗、小葱豆腐汤宴请众官员。而且他还约法三章：今后不论谁摆宴席只许四菜一汤，谁若违犯，严惩不贷。之后，在他的故乡凤阳，就流传起这样一首“四菜一汤”的歌谣：

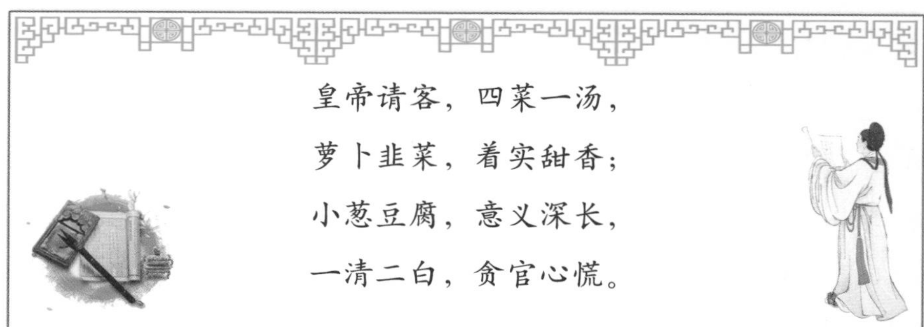

毛泽东同志一生粗茶淡饭，睡硬板床，穿粗布衣，生活极为简朴。经济困难时期，他自己主动减薪，降低生活标准，不吃鱼肉、水果，在勤俭节约方面为国人做出了表率。

同学们，“一粥一饭，当思来之不易；半丝半缕，恒念物力维艰。”这句话是什么意思？

想一想

古往今来，许多杰出人物功成名就，衣食无忧。但他们依然选择了勤俭节约的生活方式，这说明了什么？

你们还知道哪些注重养成节俭行为的家训故事？说一说在生活中，你和身边的人是怎么节约粮食的。

作为一名学生，我们也有义务对节约粮食的意识和行为进行广泛宣传。看！我校已经有一些同学进行了节粮宣传画的创作。

请你也做一名节粮宣传员，设计一幅节约粮食的宣传画吧。

合理膳食

健康饮食

在现代生活中，人们的饮食观念随着科学文化的发展而不断更新，在食物色香味全的同时，人们也开始注重饮食习惯和健康等方面的问题。饮食健康不仅需要主食多样化，副食也要多样化，这样才能吸收各种营养，同时也要养成良好的饮食习惯，才能有利于人的健康。“养生之道，莫先于食”，合理的食物搭配和良好的饮食习惯是身体健康的基础。

观察与提问

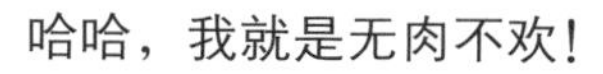
哈哈，我就是无肉不欢！

太容易长胖了！我只吃青菜。

观察图片，你认为以上两种饮食方式健康吗？为什么？

如果你认为不健康，请你画出你认为健康的饮食搭配应该是怎样的？

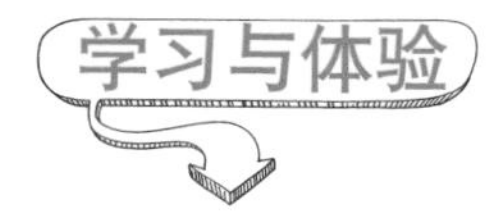

合理膳食是指一日三餐所提供的营养必须满足人体的生长、发育和各种生理、体力活动的需要。首先，我们需要知道食物中对人体有用的有六大营养素，分别为水、蛋白质、脂肪、糖类、维生素、矿物质。可千万不要小看它们啊，自从地球有了生命以来，生命中就没有一刻缺少它们的身影。你能把下列常见的食物和其中蕴含的营养物质连起来吗？

水
蛋白质
脂　肪
糖　类
维生素
矿物质

为了满足上述六种营养物质的充分且均衡摄入，我们需要合理搭配我们所食用的食物。我们可以把合理膳食分为以下三步。

第一步：搭配

成年人每日的食谱应包括奶类、肉类、蔬菜水果和五谷等四大类。

食谱	奶类	肉类	蔬菜水果	五谷
营养	钙、蛋白质	蛋白质	矿物质、维生素、纤维素	淀粉
作用	强健骨骼和牙齿	促进人体新陈代谢	增强抵抗力、畅通肠胃	提供热能

第二步：平衡

首先，热量要平衡。提供热量的营养素主要有蛋白质、脂肪和糖类。脂肪产生的热量为其他两种营养素的两倍之多。若摄取的热量超过人体的需要，就会造成体内脂肪堆积，人会变得肥胖，易患高血压、心脏病、糖尿病、脂肪肝等疾病；如果摄取的热量不足，又会出现营养不良，同样可诱发多种疾病，如贫血、结核、癌症等。

其次，味道要平衡。食物的酸、甜、苦、辣、咸味对身体的影响各不同。

味道 \ 摄入量	适当	过多
酸	可增进食欲，增强肝功能	易伤脾，也会加重胃溃疡的病情
甜	解除肌肉紧张，增强肝功能，阻止癌细胞附着于正常细胞，增强人体抵抗力，增强记忆力	易升高血糖，诱发动脉硬化
苦	增强脾胃肝肾的功能，并能消炎抗菌、提神醒脑	伤肺或引起消化不良
辣	刺激胃肠蠕动，并可促进血液循环和代谢	对心脏有损害
咸	可向人体供应钠、氯两种电解质，调节细胞与血液之间的渗透压及正常代谢	会加重肾脏负担或诱发高血压

因此，对各种味道的食物均应不偏不废，保持平衡，才有利于身体健康。

第三步：分配

一般来说，一日三餐是绝大多数人的饮食习惯，怎样安排好一日三餐却是大有学问。三餐安排得是否科学合理，与人体健康

息息相关。一日三餐可以按照早餐吃好、午餐吃饱、晚餐吃少而淡的原则来分配。早餐吃好，是指早餐应吃一些营养价值高、少而精的食品。午餐要吃饱，是指午餐要保证充足的质与量。而晚餐吃得过饱，血中的糖、氨基酸、脂肪酸浓度就会增高，多余的热量会转化为脂肪，使人发胖。同时，不能被消化吸收的蛋白质在肠道细菌的作用下，会产生一种有害物质，这些物质在肠道的停留时间过长，易诱发大肠癌，因此晚餐应少而淡。

你能画一画平时你的一日三餐是如何分配的吗？

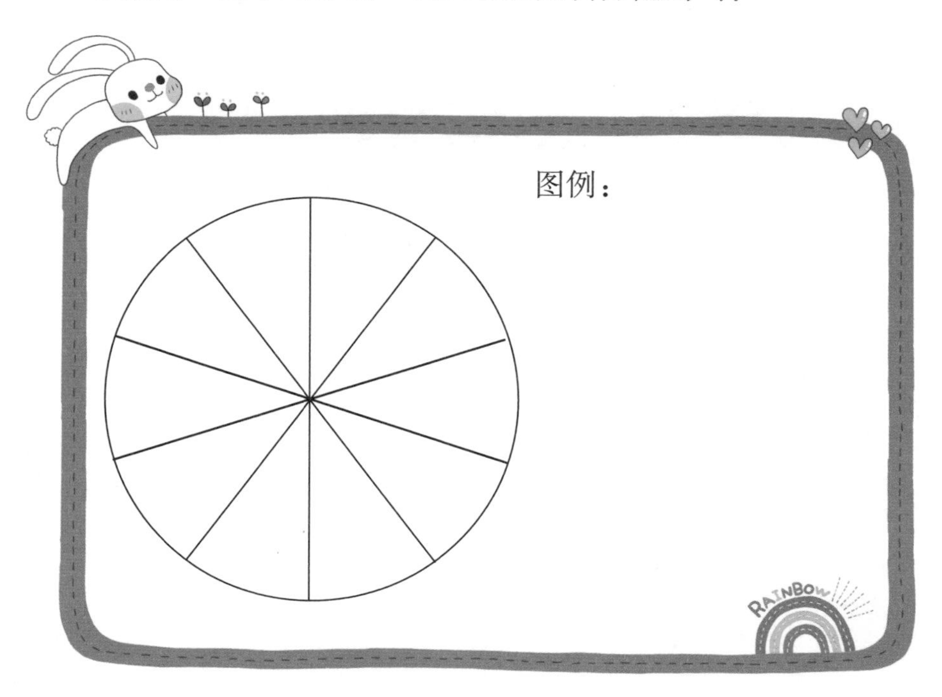

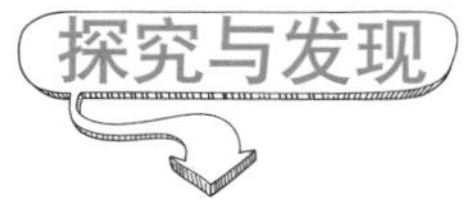

随着人们对于食品安全以及食品营养价值的追求越来越高，市面上出现了一些无公害食品、绿色食品、有机食品。

同学们知道什么是无公害食品、绿色食品、有机食品吗？它们的区别是什么？

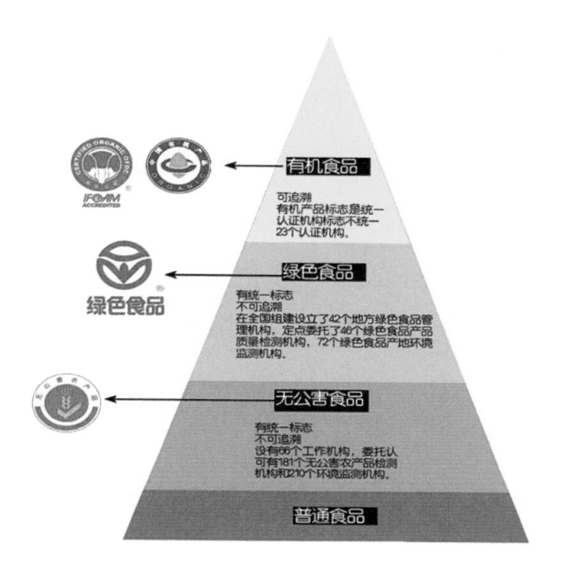

从上图我们可以看出，无公害食品、绿色食品和有机食品都有相应的标识与要求。有机食品通常指在生产过程中不使用农药、化肥、生长调节剂、抗生素、转基因技术的食品。绿色食品是指产自优良生态环境、按照绿色食品标准生产、实行全程质量控制并获得绿色食品标志使用权的安全、优质食用农产品及相关产品。而无公害农产品生产过程中允许使用农药和化肥，但不能使用国家禁止使用的高毒、高残留农药。

你能通过查阅资料来说一说有机食品有哪些优势吗？在营养价值上真的要比普通食品高吗？

有机食品侧重于天然的生产方式，但并不代表更加营养，许多研究表明，有机食品的营养价值与普通食品相差无几。有机食品的优势在于低污染。有机食品本身受污染的可能性、食用有机食品后人体的污染物残留，都是较低的。

国家认证的无公害食品、绿色食品和有机食品都是有标识的，所以在生活中，我们要通过标识来进行辨别和购买，不要盲目购买。

营养与健康小调查

营养是指人体从外界吸取需要的物质来维持生长发育等生命活动的作用。健康的现代科学定义是身体与自然环境和社会环境的动态平衡，是一种身体上、精神上和社会上的完满状态。营养与健康的关系甚为密切。各地区人们的饮食习惯是如何影响他们的健康的？同学们可以从营养与健康的角度着手调查、了解。

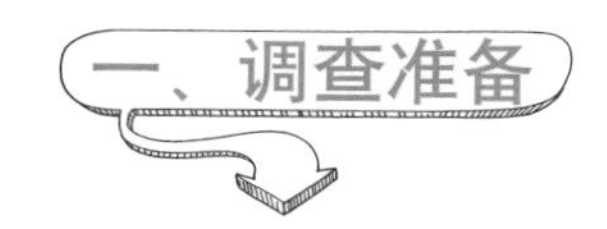

（一）调查背景

1. 饮食习惯

饮食习惯是指人们对食品和饮品的偏好。其中包括对饮食材料与烹调方法以及烹调风味及佐料的偏好。饮食习惯是饮食文化中的重要元素，世界各国人们的饮食习惯由于受到地域、物产、文化历史的种种影响而有明显不同。

2. 中国人的饮食习惯

中国人的传统饮食习惯首先是以植物性食料为主。主食是五谷，辅食是蔬菜，外加少量肉食，形成这一习惯的主要原因是古代中原地区以农业生产为主要的经济生产方式。中国人以热食、熟食为主，因为古人认为“水居者腥，肉玃者臊，草食者膻”。热食、熟食可以“灭腥去臊除膻”(《吕氏春秋·本味》)。所以中国人的食谱广泛、烹调技术精致，尤以蒸食技术更为突出。

吃得合理才能活得健康，健康需要一生的耕耘。

（二）调查目的

通过对各地区饮食习惯情况的调查，根据实际调查，分析人们的饮食习惯对健康的影响，认识到饮食习惯的重要性，并针对人们的饮食习惯，提出合理化建议，帮助人们养成营养健康的饮食习惯。

（三）调查方法

我选择 ________________________________ 调查方法。

（四）制订计划

请同学们确定活动的主题，制订计划，做好调查准备。

饮食习惯调查活动准备记录表		
1	小组成员	
2	人员分工	
3	活动时间	
4	困　　难	
5	解决办法	

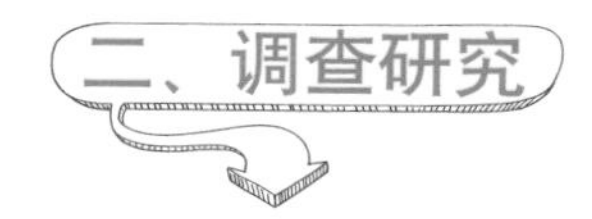

选择适合的调查研究方法，并设计调查方案，与小组成员一起开展调查活动。

同学们可以借鉴下面的问卷设计进行调查，根据实际情况自行增减，更换调查项目，或者独立设计新的调查表展开活动。也可以选择其他调查研究方法进行调查，并将调查设计方案写出来。

饮食习惯小调查

调查人员：________________ 调查时间：____________________

序号	调查问题
1	您的年龄是多少岁？ A. 6—12 岁　B. 13—18 岁　C. 19—30 岁　D. 30 岁以上
2	您的性别是？ A. 男　B. 女
3	您居住在什么地区？ A. 京津冀地区　B. 东北　C. 南方　D. 沿海城市　E. 新疆或西藏等 F. 其他 _____
4	您的早餐吃什么？ A. 面包、牛奶　B. 油条、豆浆　C. 包子、馄饨　D. 稀饭、粥 E. 其他 ______
5	就餐时，您通常喝些什么？ A. 汤　B. 白开水　C. 饮料　D. 酒　E. 不喝
6	您的三餐中荤素如何搭配？ A. 荤食为主　B. 素食为主　C. 荤素各半　D. 不确定
7	您家庭常用的烹饪方式属于哪一类？ A. 煎炒烹炸　B. 蒸煮焖炖　C. 微波炉、烤箱　D. 凉拌、生吃
8	您吃夜宵吗？通常会吃什么样的夜宵？ A. 烧烤　B. 饼干、薯片　C. 泡面　D. 蔬菜、水果　E. 不吃夜宵 F. 其他 _____
9	您用餐吃几成饱？ A.10 成　B.7—8 成　C. 半饱　D.3 成
10	您觉得健康的饮食习惯有哪些？ ____

综合上述调查，我发现：________________________________

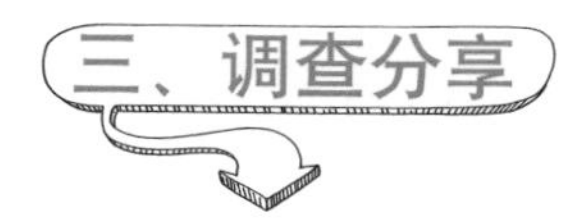

通过调查饮食习惯情况，你了解到哪些？对于人们的饮食习惯你有了哪些新的认识？针对这些习惯行为，你有哪些合理化建议？请你汇总调查信息和结果，并和老师、同学们一起交流分享。

“一方水土养一方人”。不同地域的人们除了口味，饮食行为上还有哪些不同？聪明的你可以对此展开调查。

实验小达人：食物营养的检测

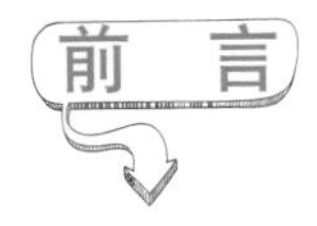

我们身体的生长和日常生活都离不开营养，每天通过摄入各种食物来获取营养。所以食品安全很重要，关乎每个人的健康。

如今，食品安全有着严格的国家标准，食品造假是严重危害公共安全的行为。例如，一些不法分子为了牟取非法利润，往牛奶中掺水。为了不被检测出，把含氮量高的三聚氰胺掺入到牛奶中，同时在牛奶中还添加其他有害物质与三聚氰胺混合。这种混合物被称为“蛋白粉”。

劣质婴幼儿奶粉中，因蛋白质的含量远远低于国家规定的标准，造成婴幼儿食用后出现较为严重的营养不良综合征。我们该如何区分呢？下面我们一起通过实验来检测吧！

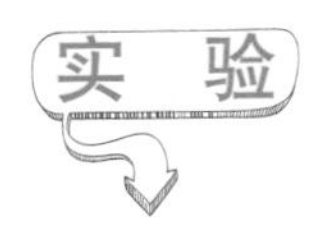

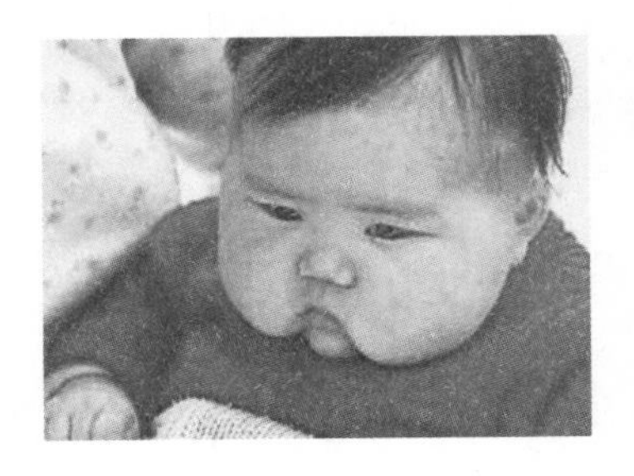

实验材料

牛奶中含有丰富的蛋白质，但是我们该如何检测呢？

牛　奶　　氢氧化钠

硫酸铜颗粒　　试管三支

搅拌棒两支　　滴管两支

实验方案

1. 将氢氧化钠和硫酸铜分别加入水变成氢氧化钠溶液和硫酸铜溶液。

氢氧化钠溶液

硫酸铜溶液

2. 将两个干净的试管分别滴入牛奶和清水（约三分之一），并在试管外壁贴上标签以便识别。

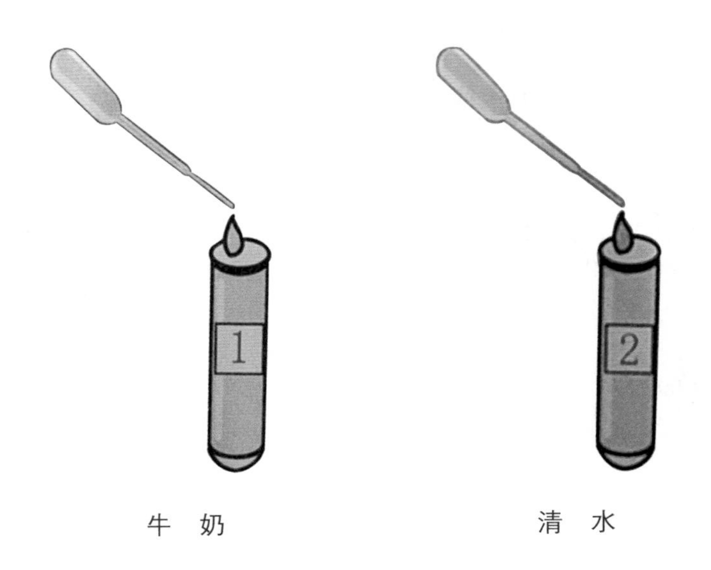

牛　奶　　　　清　水

3. 将两支试管中分别滴入 10 滴氢氧化钠溶液，轻轻摇晃试管让溶液混合均匀。再分别滴入 5 滴硫酸铜溶液，用搅拌棒搅拌均匀，观察现象。

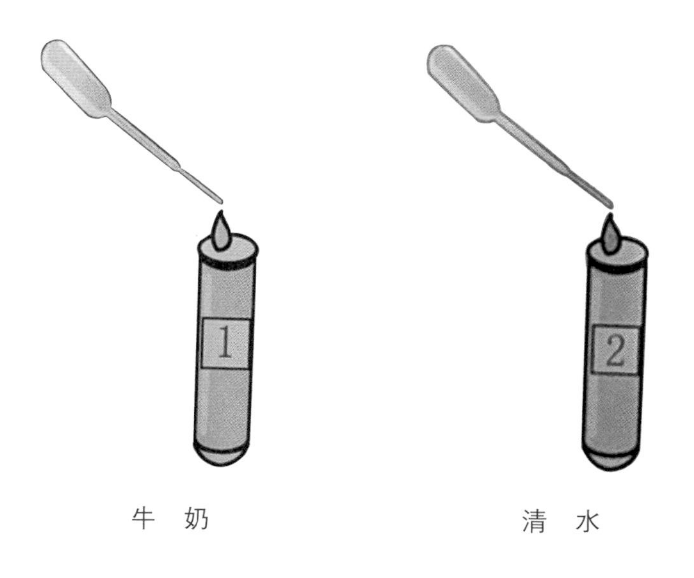

牛　奶　　　　清　水

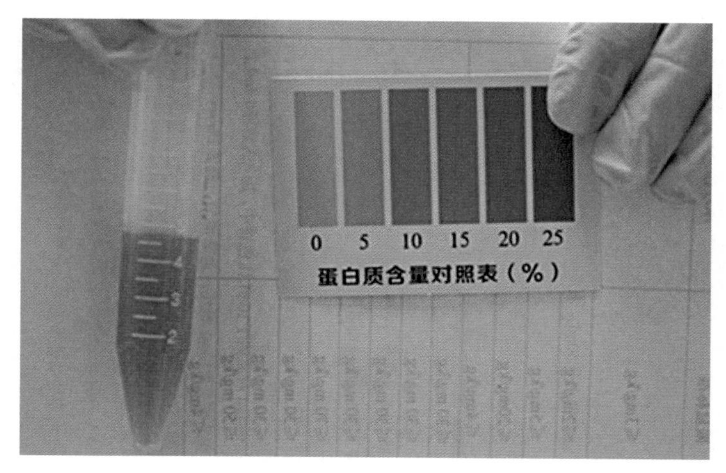

蛋白质含量色谱

实验记录

观察两个试管中溶液的颜色变化，再结合蛋白质含量的色谱，你发现了什么？

实验设计

除了牛奶含有蛋白质外，你还知道哪些食物中含有蛋白质？你能用实验的方法来验证它们的存在吗？

一般来说，食物所包含的营养物质可分为五大类：糖类、蛋

白质、脂肪、维生素和矿物质。其中蛋白质是构成细胞的基础物质。成年人体内的蛋白质含量约占 16.3%，其总量仅次于水。蛋白质除了可以更新和修补组织细胞，也可以提供人体能量。没有蛋白质就没有生命，这种说法一点也不为过。

下面是我们常见的几种食物，你能说出它们都富含哪种营养物质吗？

富含 __________

富含 __________

富含 __________

富含 __________

如果缺乏营养会有什么不良后果？营养缺乏了，就称为营养不良。轻则有消瘦、乏力等症状，重则会引起其他疾病。

一般说来，所谓“营养缺乏”或“营养过剩”，并不是指五种营养素都缺乏或过剩，而只是其中的一部分缺乏或过剩。因此，无论是增加还是减少营养素的摄入，都要根据科学的分析，有针对性地进行，盲目地乱加乱减不仅达不到目的，有时还会适得其反，加重已有的症状。

博物学习营：合理膳食

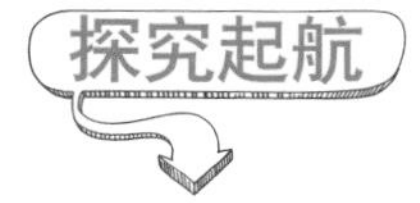

《中国居民膳食指南》是根据营养学原则，结合国情制定的，是指导人民群众采用平衡膳食，以摄取合理的营养促进健康的指导性意见。中国营养学会与中国预防医学科学院营养与食品卫生

中国居民平衡膳食宝塔

中国营养学会针对中国居民膳食实际情况，制定了平衡膳食宝塔，宝塔分为五层，其中各类食物的位置和面积，反应在膳食中的不同地位和比重，以指导人们饮食营养平衡。

第5层：烹调油和食盐
每人每天应摄入油不超过25—30克
食盐不超过6克

第4层：奶类、豆类及坚果食物
每人每天应摄入300克奶类及奶制品
30—50克的大豆类及坚果

第3层：鱼、禽、肉、蛋等动物性食物
每人每天应摄入125—225克
（鱼虾类50—100克，蛋类25—50克
畜、禽肉类50—75克）

第2层：蔬菜和水果
每人每天应摄入蔬菜类300—500克
水果类200—400克

第1层：谷类薯类及杂豆
每人每天应摄入250—400克
每周5—7次粗粮，每次50—100克

日常轻体力活动的成年人每天至少饮水1200毫升约6杯水；
每天进行累计相当于步行6000步以上的身体活动，如果身体条件允许，最好进行30分钟中等强度的运动。

研究所组成了《中国居民膳食指南》专家委员会，对中国营养学会于1989年建议的我国膳食指南进行了修改，制定了《中国居民膳食指南》及其说明，并于1997年4月由中国营养学会常务理事会通过，正式公布。

看一看这个膳食宝塔，写一写宝塔每一层都代表什么种类。

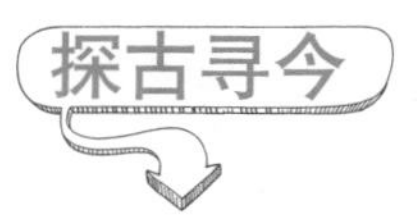

探古寻今

随着人类文明的进步，人们的饮食结构逐步发展变化。早期人类以采集果实为食，这个时期是以素食为主的。后来随着冰河时期的到来，气候变冷，迫于生存需要人类开始向杂食方向转变。火的发明透露出人类文明的曙光，它也使杂食得以巩固和发展。古人的食物原料可以概括为："五谷为养，五果为助，五畜为益，五菜为充。"

将下面几种食材进行分类，并把名称填写在对应的小房子里。

薤　白

谷　子

小　葱

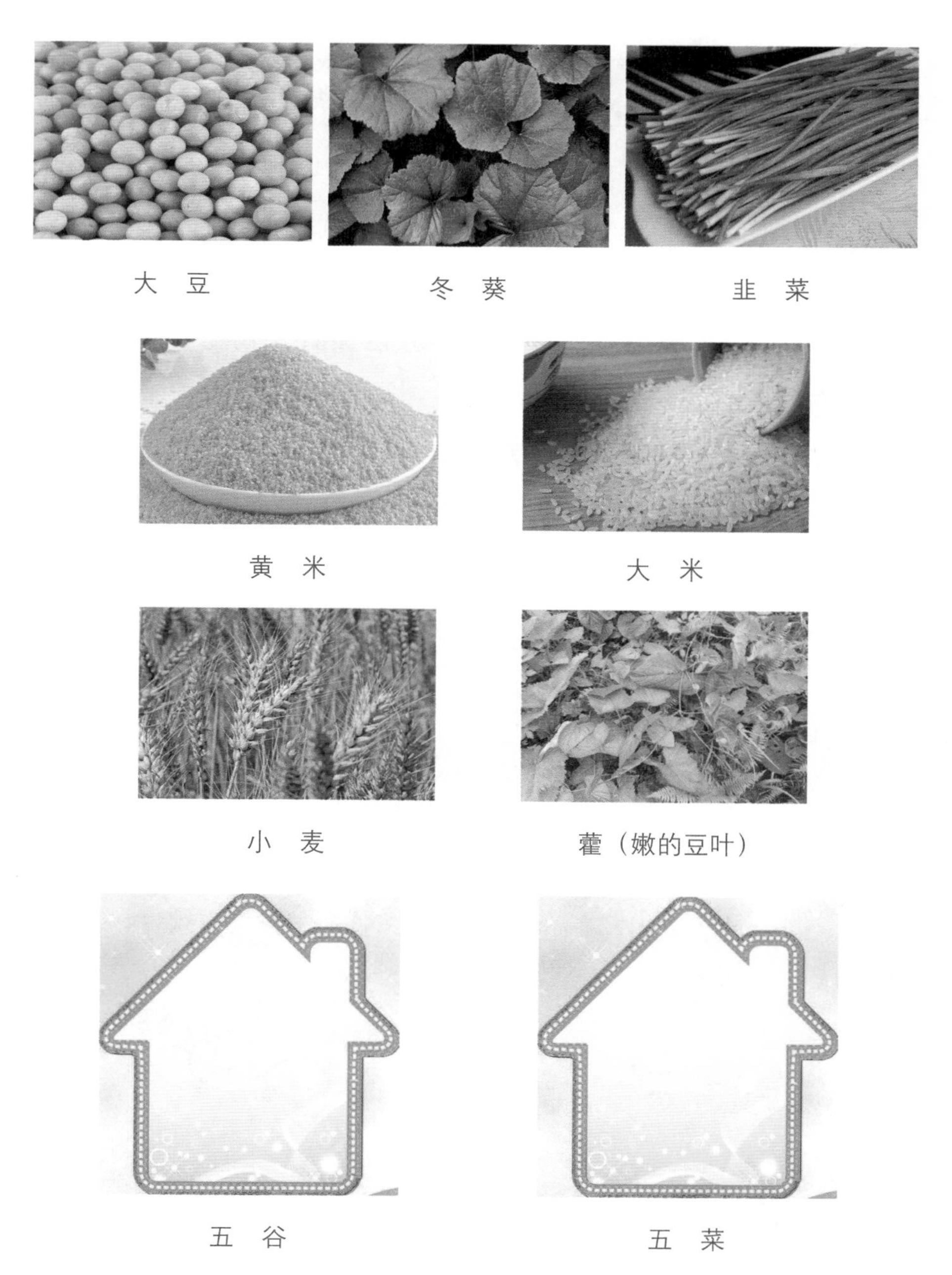

大 豆　　冬 葵　　韭 菜

黄 米　　大 米

小 麦　　藿（嫩的豆叶）

五 谷　　五 菜

在如今快速发展的生活中，随着人们的生活水平提高，特别注重对孩子的饮食营养，有的家长让孩子食用过多高糖、高脂肪、高蛋白食物，有的孩子随着自己的心意饮食，过高的热量摄入，导致营养过剩，出现了许多小胖子。而有一些孩子，偏饮偏食，喜欢吃“零嘴”，甚至把零食当主食，以致营养不良，身体瘦弱，出现了所谓“豆芽菜”的体形。这就需要我们合理地进行饮食搭配。

请同学们在中国农业博物馆体验区设计一份“一日三餐食谱”，参照膳食宝塔食材进行设计，搭配要合理哟！把你的搭配方法记录下来并写上你的分数，比一比谁的分数高！

姓名：__________　　　　　　分数：__________

午 餐

晚 餐

拓展延伸

欧美发达国家膳食结构特点，以肉类物质为主要能量来源，食物中能量密集过多，富于油脂和高糖。虽然营养素供给不足，会导致营养不足，出现多种营养缺乏症，但如果营养摄入过多，则会引起营养摄入过剩，这不仅加重了消化器官的负担，引起胃的疾病，同时这也是肥胖病、心血管病与糖尿病的根源，同样不利于身体健康。

如果让你从两份早餐中选择一款，你会选择哪一种？说明一下原因。

由于人种和环境的不同，形成了富有地域特色的饮食习惯。无论在哪里，合理饮食，平衡营养是保障人体健康的关键。

五谷的演化与加工

中国自古地大物博，美食文化更是源远流长。古人不仅讲究食物的制作，更是讲究营养的搭配。其中粮食，则起到了不可或缺的重要作用。

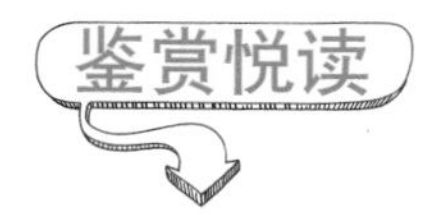

论语 · 微子（节选）

子路从而后，遇丈人，以杖荷蓧。子路问曰："子见夫子乎?"丈人曰："四体不勤，五谷不分，孰为夫子?"植其杖而芸。子路拱而立。止子路宿，杀鸡为黍而食之。见其二子焉。

通过阅读文中"子路"与"丈人"间的对话，请同学们用自己的语言来说一说他们表达的是什么意思。

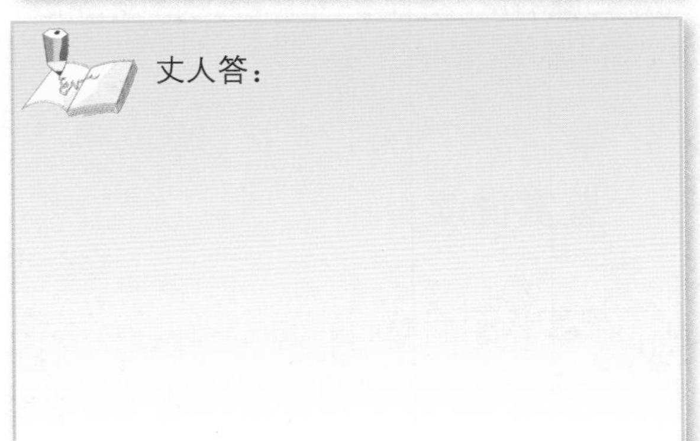

其实，在这段对话中，有一个沿用至今的成语是“四体不勤，五谷不分”。今天我们对这句话的理解是什么？它跟古文的原意有什么不同？

五谷

最初的五谷是指麻、黍、稷、麦、菽。麻指大麻子，古代也供食用。黍是黄米。稷是小米，又叫谷子。麦有大麦、小麦之分。菽是大豆。后来麻替换成了稻，这是因为水稻本是南方作物，后来才传到北方来的。

其实，在《论语 · 微子》中，提到了五谷中的其中一谷，你发现了吗？

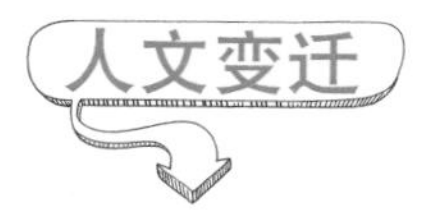

中国饮食文化历史悠久，是中华民族创造的灿烂文化之一。根据考证，中国烹饪历史经历了漫长的发展过程。在萌芽时期人们通过自然火、存火种、人工取火等方式加工食物，并出现了烧烤、地下挖坑加热、石板烹法等加热方法。之后，人们发明了陶瓷烹器、铜器烹饪，从而实现了高温烹饪，此时人们对食品营养有了初步认识，即五谷为养——稻、黍、稷、麦、菽。到了近代，人们的餐桌文化进入鼎盛时期，原料繁多，加工方法多样，有蒸、煮、炒、炉烤……

以下图片再现了古人加工食物的场景，猜一猜图中他们在做什么？

下面图片展示了古人进行食物加工的工具。仔细观察它们的结构，猜一猜它们体现了哪种食物加工的方式？

（　　）

（　　）

（　　）

下面，让我们来具体了解一种最具中国特色的传统美食——月饼。每逢中秋节，人们都会吃月饼。你知道月饼的来历吗？

月饼

中秋节的传统食品是月饼。月饼是圆形的，象征团圆，反映了人们对家人团聚的美好愿望。相传我国古代，帝王就有春天祭日、秋天祭月的礼制。在民间，每逢八月中秋，也有左右拜月或祭月的风俗。月饼最初是用来祭奉月神的祭品，后来人们逐渐把中秋赏月与品尝月饼作为家人团圆的象征，慢慢月饼也就成了节日的礼品。

接下来让我们了解一下月饼制作的步骤，试着做一个玫瑰冰皮月饼吧！

一、准备的材料

冰皮月饼粉 200g 、玫瑰馅料 200g、月饼模具若干和 85℃饮用水 200g。

二、制作步骤

1. 将 200g 85℃左右饮用水加入到 200g 冰皮月饼粉中，搅拌。（小心操作，避免烫伤！）

2. 将冰皮面粉搅拌均匀，揉成面团。

3. 将冰皮面团和玫瑰馅料分割成 20g 剂子备用（可以根据个人喜好相应增加或减少分量）。

4. 将冰皮压扁，小心包住馅料。

5. 将包好的月饼放入模具，用适当的力度按压成形（注意：模具需要提前蘸一些月饼粉，以免与月饼粘连，影响脱模效果），冰皮月饼就做好了。

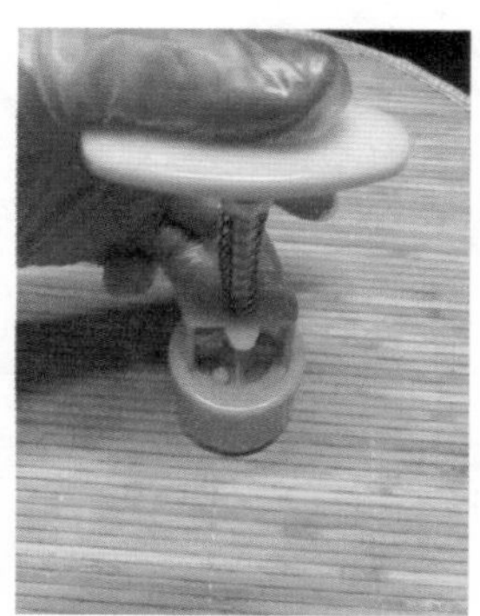

三、展示交流

看，我们学校正在举办制作冰皮月饼的活动，快来看看同学们的表现吧！

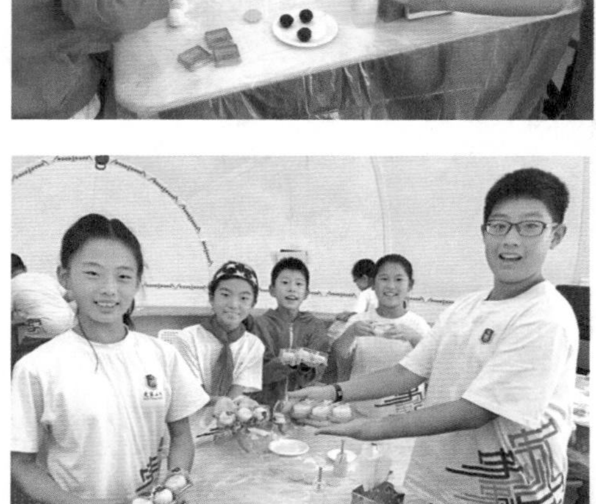

忙活了半天，你也来展示一下自己的劳动成果吧！

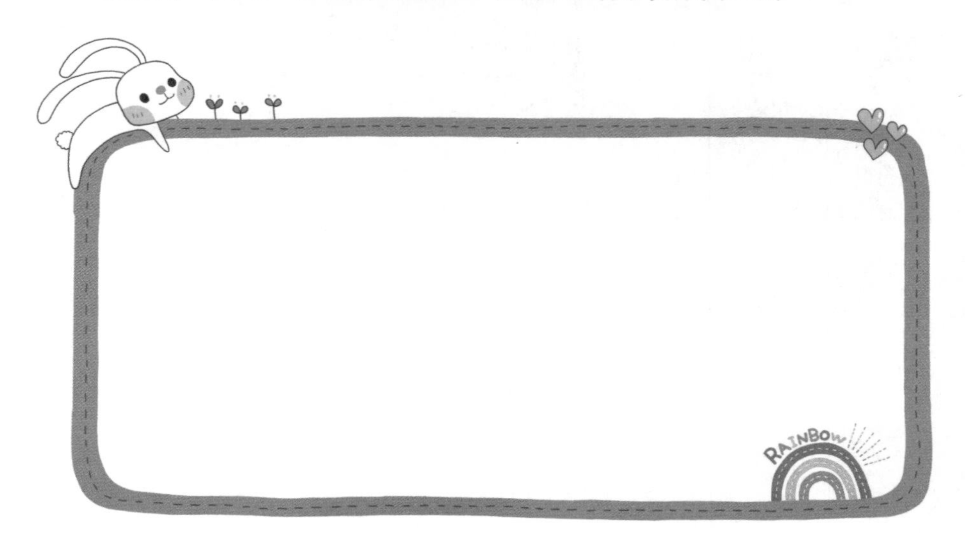

后 记

党的十九大报告提出："必须树立和践行绿水青山就是金山银山的理念，坚持节约资源和保护环境的基本国策，像对待生命一样对待生态环境。"建设美丽家园已经成为中华民族的中国梦，而每一位中国公民都是追梦人，更是圆梦人。树立建设美丽家园的理念，更应该从娃娃抓起，紧抓学校教育这一主渠道开展积极有效的绿色环保教育。为此，史家教育集团的老师们积极落实党的十九大精神，完善与丰富学校无边界课程体系，在积极探索与实践中研发了"珍爱美丽家园"这一系列以地球与环境为主题的环保教育课程，结集在《生命之源——水》《生存之本——粮》《生活之力——能》三本书中，正式出版。

《生存之本——粮》在编写过程中得到中粮集团中粮营养健康研究院郝小明院长的大力支持，他为本册教材提供了丰富的素材资料，多次指导修订设计内容，为本书的编写提供了有力保障。北京市东城区教师研修中心多位教研员、北京市东城区教委相关科室的各位领导也在本书的编写过程中给予精心指导。

在课程实验阶段，校内人文科技部的全体教师以及所有班主任老师主动承担教学的组织实施工作，确保教学活动顺利进行，课后主动及时地收集各种反馈信息，为课程设计的完善和修改提供了宝贵的意见与建议。在本书付梓之际，向所有参与本书编辑的专家学者及各位同人表示衷心的感谢。

编　者

2018 年 2 月

参与编写工作人员：

高江丽、王连茜、张滢、徐卓、张蕊、张珷轩、汪卉、杨奕、霍维东、范欣楠、曹艳昕、罗曦、卢明文、郭红、李岩辉、张牧梓、徐虹、杨扬、李璐、崔玉文、周舟、耿芝瑞、于佳、徐愫祺、王宁、王雯、张彬、潘璇、翟玉红、杜建萍、李焕玲、刘姗、王珈、杜楠、孙莹、金晶、李红卫、滕学蕾、刘静、张鹏静、白雪、史亚楠、付燕琛、李婕、王华、陈璐、安然、葛攀、王滢、黎童、张春艳、李梦裙、王建云、祁冰、徐丹丹、许觊潘、秦月、潘锶、李超群、李文、冯思瑜、李乐、李丽霞、佟磊、许富娟、鲍虹、温程、石濛、范鹏、贾维琳、史宇佩、王竹新、祖学军、侯琳、海琳、马岩、彭霏、王颖、赵苹、闫春芳、吴金彦、梁晨、闫旭、王丹、陈玉梅、许爱华、沙焱琦、宋宁宁、化国辉、李惠霞、王香春、范晓丽、孔继英、蔡琳、张伟、陶淑磊、王秀军、张鑫然、张艾琼、崔敏、杜欣月、乔龙佳、龚丽、李静、徐莹、刘岩、满文莉、孔宪梅、乔淅、魏晓梅、崔旸、王瑾、刘迎、张书娟、刘玲玲、迟佳、刘力平、王静、张京利、高金芳、王艳冰、郭文雅、吴丽梅、田春丽、李晶、付莎莎、杨春娜、张培华、马晨雪、黄呈澄。

责任编辑：刘松弢
封面设计：胡欣欣

图书在版编目（CIP）数据

生存之本——粮 / 王红 主编 . 一北京：人民出版社，2018.9
（珍爱美丽家园）
ISBN 978 - 7 - 01 - 019072 - 3

I. ①生… II. ①王… III. ①粮食 - 少儿读物 IV. ① S37-49

中国版本图书馆 CIP 数据核字（2018）第 048503 号

生存之本——粮
SHENGCUN ZHI BEN——LIANG

王红 主编

人民出版社 出版发行
（100706 北京市东城区隆福寺街 99 号）

北京汇林印务有限公司印刷 新华书店经销

2018 年 9 月第 1 版 2018 年 9 月北京第 1 次印刷
开本：710 毫米 ×1000 毫米 1/16 印张：10
字数：106 千字

ISBN 978 - 7 - 01 - 019072 - 3 定价：59.00 元

邮购地址 100706 北京市东城区隆福寺街 99 号
人民东方图书销售中心 电话（010）65250042 65289539